사이언스 라디오

사이언스 라디오

이은영 지음

당신의 일상에서 만나는 흥미로운 과학 이야기

Humanist

사랑하는 가족에게

차례

"위대한 탐험은 바로 여기, 지구에서 시작될 것이다."

— 칼 세이건

온 에어

"시간을 멈추려거든 키스를 해라. 시간을 여행하려거든 책을 읽어라. 시간에서 탈출하려거든 음악을 들어라. 시간을 느끼려거든 글을 써라."라는 글귀를 어디선가 읽은 적이 있습니다. 꼭 책이 아니더라도 무언가를 읽는 행위는 시간을 여행하기에 가장 좋은 방법이 아닐까 합니다.

어떤 내용에 흠뻑 빠져 정신없이 읽어 내려가다 보면 어느 새 시간이 훌쩍 지나 있는 경험들 있으실 겁니다. 제게는 '과학'이 가장 좋은 시간여행 수단입니다. 때로는 어려워서 머리카락만 쥐어뜯다 허송세월을 보내게도 만들지만, 흥미진진함과 신기함, 경이로움 등을 선물해 주기도 합니다.

사람으로 붐비는 지하철에서, 친구를 기다리는 카페에서, 할 일 없이 늘어진 일요일 오후 방 안에서, 한 번도 만난 적은 없지만 지구 위 어디에선가 그 어느 과학자가 열심히 파헤친 우주와 바다와 생물, 그리고 우리 인간에 관한 이야기는 과거와 현재, 지구 깊숙한 곳에서 태양계 밖까지 시공간을 가르는 여행을 경험하게 합니다.

네, 과학은 어렵습니다. 신경망을 재배선해야 이해할 수 있다는 양자역학까지 굳이 갈 필요도 없이, 어떻게 이 광활한 우주에서 지구와 달이 서로 부딪히지도 아래로 떨어지지도 않고 일정 주기를 돌며 떠 있을 수 있는지, 저는 그조차 아직까지 완벽히 이해하지 못했습니다.

하지만 조금만 유심히 살펴보면 과학이 지금껏 밝혀낸 사실들 중 많은 것이 흥미로운 이야깃거리를 담고 있음을 알 수 있습니다. 뇌 과학의 세부적인 이론은 어렵지만 뇌 과학이 밝혀낸 우리 뇌의 비밀들은 누구라도 흥미롭게 접근할 수 있는 내용이라고나 할까요. 심지어는 지각하지 못하지만 우리가 일상 속에서 간간이 마주치기도 하며, 때로는 살아가는 데 꽤 도움이 될 만한 정보를 과학이 건네주기도 합니다.

과학을 전공했지만 진정 과학에 흠뻑 빠져들게 된 건 과학에 관한, 과학을 둘러싼 많은 이야기를 만나고부터였습니다. 이 책을 손에 쥔 분들이 책에 담긴 다양한 과학 분야의 다양한 이야기를 접하고 저와 마찬가지로 과학이 주는 재미와 경이감을 느끼셨으면 하는 바람에서 이야기를 시작해 봅니다.

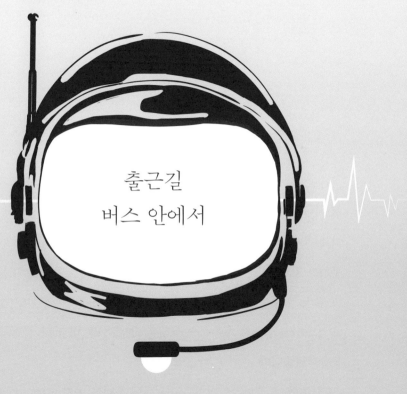

출근길
버스 안에서

창백한 푸른 점

1990년 2월 14일 오후, 사람들이 모두 자리를 비우고 없는 한적하고 어둑한 사무실, 홀로 컴퓨터 앞을 지키고 있던 캔디스 한센-코하체크Candice Hansen-Koharcheck에게 한 장의 사진이 도착합니다. 거뭇하고 흐린 배경 속에, 주의 깊게 들여다보지 않으면 반드시 놓치고 말 얇고 푸른 색깔의 점 하나가 박혀 있는 사진. 37억 마일(약 59억 킬로미터) 떨어진 우주에서 보내온 바로 우리, 바로 여기, 지구의 모습이었습니다.

2월 14일은 밸런타인데이로 연인들에게 이름 높지만 1990년 2월 14일은 다른 의미로 전 지구인에게 (그리고 무엇보다도 천문학자들에게) 뜻깊은 날이었습니다. 1977년 9월, 우리 태양계 행성들을 탐사

1990년 2월 14일, 보이저 1호가
광활한 우주 한가운데 놓인 지구의 초상화를
사진으로 남겨 주었습니다. 사진 속 작은 지구는
세기에 남을 유명한 이름
'창백한 푸른 점'을 얻게 됩니다.

지구 →

×10

하기 위해 우주로 쏘아 올려진 보이저 1호Voyager I가 임무를 무사히 마치고 막 태양계 가장자리로 들어서던 그때, 방향을 틀어 광활한 우주 한가운데 놓인 지구의 초상화를 사진으로 남겨 주었습니다. 목성과 금성, 토성, 천왕성, 해왕성의 초상화도 함께였습니다.

시속 4만 마일(약 시속 6만 킬로미터)의 속도로 태양에서 멀어져 가고 있던 보이저 1호가 보내온 사진은 다섯 시간이 넘게 걸려 캘리포니아에 있는 미국항공우주국NASA 제트 추진 연구소에 도착했고, 최초 목격자인 젊은 여성 행성 과학자의 손을 거쳐 마침내, 이 계획을 처음부터 진두지휘한 칼 세이건Carl Sagan에게 닿았습니다. 그리고 사진 속 작은 지구는 세기에 남을 유명한 이름 "창백한 푸른 점Pale blue dot"을 얻게 됩니다.

"다시 이 빛나는 점을 보라. 바로 여기, 우리 고향, 우리 인류가 있다."

— 칼 세이건

우주에서 바라본 지구를 사진에 담은 것이 이번이 처음은 아니었습니다. 아폴로 8호Apollo 8의 우주 비행사 빌 앤더스William Anders가 최초로 달 궤도를 돌며 찍은 사진(1968년 12월)이 꽤 유명합니다. 황량한 달의 지평선 너머로 하얀 구름들이 너울대는 파랗고 둥근 지구가 막 떠오르는 장면을 담은 'Earthrise'. 이 사진은 1970년에 제정

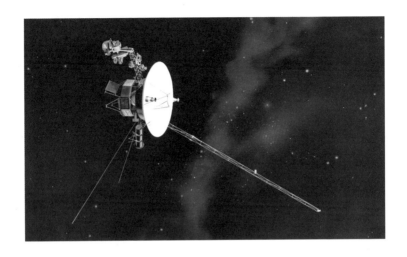

된 첫 번째 '지구의 날'의 상징이 되기도 했습니다.

하지만 37억 마일이나 떨어진 머나먼 곳에서, 훅 불면 날아갈 것 같은 한 점 먼지에 불과한 지구의 모습을 생생히 남긴 사진은 이것이 처음이며, 어쩌면 마지막이 될는지도 모릅니다.

보이저 1호가 지구를 찍기 위해 카메라를 태양 쪽으로 돌림으로써 발생할 수 있는 기계적 손상, 그리고 태양계 행성을 탐사하는 임무를 완수했음에도 계속 보이저호를 가동해야 하는 문제 등 갖은 난관에도 불구하고 세이건이 이 일을 강행한 데에는 이유가 있습니다. 세이건은 광대한 우주라는 무대로 시야를 넓혀 바라보면 우리가 살고 있는 이 지구가 지극히 작은 무대에 지나지 않는다는 사실을 우리 스스로가 직접 눈으로 확인하길 바랐습니다.

광대한 우주라는 무대로 시야를 넓혀 바라보면
우리가 살고 있는 이 지구는 지극히 작은 무대에
지나지 않습니다.

그럼으로써 현재 인류가 처한 상황과 현실을 되돌아 볼 계기를 마련하고 싶었습니다. 일시적이나마 지배자로 군림하고자, 같은 종인 인류를 향해, 때로는 피를 나눈 형제를 향해, 지구 위의 다른 생명체를 향해 인간이 숱하게 자행해 온 잔혹 행위들, 폭력과 전쟁으로 얼룩진 유혈의 강에서 우리 스스로를 구출하기 위해 우리 인간이 가진 자만심이 얼마나 어리석은 것인지, 우리가 얼마나 미천한 존재인지를 일깨워 주고자 했던 것이죠.

　　거뭇한 암흑의 바다에서 엷게 빛나는 푸른 점을 처음 목격한 후로 20여 년의 세월이 다시 흘렀습니다. 보이저 1호는 더 멀리 갔고 칼 세이건도 이제 지구를 떠나고 없습니다. 우리 인류는 그때 이후로 더 나아졌을까요? 돌아오는 2월 14일에는 달콤한 초콜릿뿐만 아니라 우리가 살고 있는 이곳, '창백한 푸른 점'도 함께 기억한다면 더 나은 세상을 만드는 데 조금이나마 도움이 되지 않을까요?

사기꾼의 흰자위

부드러운 천으로 덧씌워진 테이블 주위로 세 명의 인물이 둘러앉아 있습니다. 웃음기 하나 없는 무표정한 얼굴들에 칠흑 같이 어두운 뒤 배경까지 더해져 그림 속에서는 묘한 긴장감이 흐릅니다. 각자 손에 카드가 들려 있는 것으로 보아 카드놀이가 한창 진행 중인 듯합니다. 아니, 이 그림을 조금만 유심히 들여다본 사람이라면 누구라도 이들이 그냥 놀이를 하고 있는 게 아님을 알아차릴 겁니다. 물론 그림 제목이 〈사기꾼The Cheat with the Ace of Diamonds〉이라는 데서도 눈치 채겠지만 말입니다.

프랑스 화가 조르주 라투르Georges de La Tour가 그린 이 그림 속 인물들이 명절날이면 오순도순 모여 화투 패를 돌리곤 하는 사이좋은

그림 속 인물들이
명절날이면 오순도순 모여 화투 패를 돌리곤 하는
사이좋은 한 가족이 아니라는 사실은
어떻게 알 수 있을까요?

한 가족이 아니라는 사실은 어떻게 알 수 있을까요? 바로 인물들의 '눈'입니다. 보다 정확히 말하면 눈의 '흰자위'지요. 자신의 카드를 멍 때리며 바라보고 있는 오른쪽 남성과 달리 왼쪽 남성은 뒤로 에이스 카드를 숨긴 채 그림 너머 이쪽을 곁눈질로 응시하고 있습니다. 중앙에 앉은 여성은 이제 막 칵테일을 건네주러 온 여성과 눈길을 주고받고 있고요. '짜고 치는 고스톱' 판과 같은 상황이 곧 벌어지리라는 걸 짐작할 수 있습니다.

우리 인간은 눈에 흰자위가 있는 덕택에 다른 사람의 시선을 금세 알아챌 수 있습니다. 갈색이나 푸른색, 밤색 등 짙은 색상의 홍채 주위를 흰색의 각막이 차지하고 있음으로 인해 사물을 응시하는 동공의 움직임이 도드라져 보이는 것이지요. 여기에는 밝은 색깔의 피부도 한몫을 합니다. 신기하게도 220종에 이르는 전체 영장류 중에서 우리 인간만이 이와 같은 눈의 구조를 하고 있습니다. 가장 가까운 친척인 침팬지나 보노보도 동공과 거의 분간이 되지 않는 짙은 색깔의 각막을 지니고 있죠.

밝은 주위 색상으로 시선 처리가 뚜렷하게 드러나는 눈을 가진 덕분에 우리는 어느 정도 가까운 거리 내에 있는 상대의 눈 저 너머에 숨겨진 마음까지도 읽어 낼 수 있습니다. 지금 내 앞에 앉아 있는 이 사람이 내 이야기에 귀 기울이고 있는지, 딴 생각을 하고 있는 건 아닌지, 어떤 감정 상태에 놓여 있는지, 더 나아가 앞으로 함께 일

을 할 수 있는 신뢰할 만한 상대인지 등등까지도 말이지요. 그에게는 세상을 보는 창인 눈이 내게는 거꾸로 그 사람의 마음을 들여다보는 창이 되는 셈입니다. 표정을 드러내지 않는 포커페이스로 달인의 경지에 이른 전문 도박사도 눈을 통해 상대에게 마음이 읽힐까 봐 선글라스를 쓰곤 한다는 얘기가 있을 정도니까요.[*]

심지어 한 실험에서는 돌 무렵의 어린아이도 다른 사람의 시선을 알아차린다는 사실이 밝혀졌습니다. 머리를 가만 두고 눈만 천장을 응시한 경우, 머리를 천장으로 향하고 눈은 가만히 움직이지 않은 경우, 머리와 눈 모두 천장을 향한 경우, 머리를 천장으로 향하고 눈은 감은 경우에서 어린아이들은 상대방의 머리가 아닌 눈의 움직임을 따랐습니다. 인간과 달리 전체적으로 눈 색상이 어두운 침팬지나 보노보, 고릴라는 눈보다 머리의 움직임을 따랐고요.

눈에 띄는 '눈'을 통해 상대방의 감정과 마음, 계획을 읽을 수 있

● 영화 〈타짜〉에서도 이런 대사가 있었지요. "구라를 칠 때에는 상대방의 눈을 보지 마라."

시선 처리가 뚜렷하게 드러나는 눈을 가진 덕분에
우리는 어느 정도 가까운 거리 내에 있는
상대의 눈 저 너머에 숨겨진 마음까지도
읽어 낼 수 있습니다.

음으로써 우리 인간은 서로에게 더 깊은 유대감을 느끼고 보다 긴밀하게 협력할 수 있었는지도 모르겠습니다. 물론 라투르의 그림 속 사기꾼들처럼 사기나 배신행위도 쉽게 알아차릴 수 있게 되었고 말입니다. '눈은 내 마음의 창'이라는 사실, 유행가 가사에도 등장하듯이 "내 거친 생각과 불안한 눈빛"을 "지켜보는 너"가 있다는 사실, 꼭 기억하시고 연인이나 직장 동료 앞에서 흰자위 관리에 신경 써야겠습니다.

스파이 고양이, 세상을 구하라

마카비티는 정체불명 고양이, 별명은 숨겨진 발톱

법을 비웃을 수 있는 범죄의 달인이므로.

런던 경찰청의 골치, 기동 수사대의 절망.

현장에 도착해 보면, 마카비티는 거기 없다네!

……

외교부에서 조약문이 없어졌거나

해군 본부에서 설계도를 잃어버렸을 때,

복도나 계단에 종잇조각이 떨어졌을지 몰라도,

조사해 봐야 소용없어. 마카비티는 거기 없다네!

분실 사고가 생기면, 정보부에서는 말하지.

2001년에 공개된 미국 CIA의 기밀문서에는
역사상 가장 황당무계한 스파이 양성 계획,
일명 '작전명 어쿠스틱 키티'가 실려 있었습니다.

×10

"마카비티 짓이야!" 그러나 마카비티를 찾아보면

십 리는 떨어진 곳에서 쉬거나 발가락을 핥거나

복잡하고도 긴 나눗셈에 빠져 있을 거야.

— 〈마카비티: 정체불명 고양이〉

(T. S. 엘리엇, 《주머니쥐 할아버지가 들려주는 지혜로운 고양이 이야기》)

2001년 미국 중앙정보국Central Intelligence Agency, CIA의 기밀문서 일부가 공개되었습니다. 미국 국가안보기록보관소National Security Archive의 요청으로, 수십 년간 외부 접근이 금지된 채 먼지 자욱이 잠들어 있던 문서들 중 일부가 풀려난 것이었는데요. 이번에 공개된 문서들에는 특히 1960년대 CIA 내부 과학기술부서Directorate of Science & Technology의 활약상을 보여 주는 것들이 많았습니다. 미국과 구舊소련으로 각기 대표되는 자유 민주주의와 사회주의 체제가 날카롭게 대립하던 시대(냉전 시대)였던 만큼 상대 진영을 감시할 목적의 정찰기나 첩보 위성 개발 계획 등이 주를 이루었습니다.

그런데 비행기와 인공위성에 관한 어지러운 공학 기술적 설명들과 자백을 받아 내는 데 사용될 마약성 물질의 생체 실험 보고서들 사이에서 뜻밖의 문서가 하나 등장했습니다. 〈훈련된 고양이 활용에 대한 견해Views on Trained Cats Use〉라는 제목을 단 이 서류에는 역사상 가장 황당무계하고 어리석기 짝이 없는 스파이 양성 계획이 실려

사이언스 라디오

있었지요. '작전명 어쿠스틱 키티Operation Acoustic Kitty'였습니다.

첩보 작전에서 도청과 감시는 핵심적인 부분입니다. 상대방의 의도와 계획을 파악하고 한 발 앞서 대비하기 위해서는 각종 기록을 몰래 입수하거나 주고받는 대화를 엿들어야 했지요. 하지만 목표물이 움직이는 데다 공공장소 같은 곳에서 어느 날 갑자기 중요한 정보를 교환한다면 아무리 최첨단 도청기라도 무용지물이었습니다. 누구의 눈에도 띄지 않고 목표물에 다가가 대화를 엿듣는다. 게다가 상대방에게 들키더라도 절대 스파이로 의심 받지 않는다. 누가 그 일을 할 수 있을까? CIA가 생각해 낸 것은 바로 고양이, 고양이 스파이였습니다.

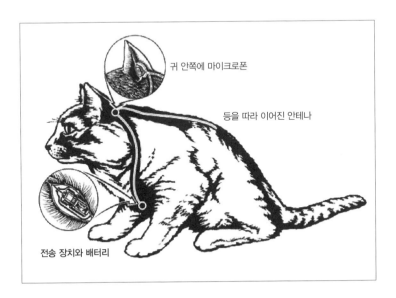

귀 안쪽에 마이크로폰

등을 따라 이어진 안테나

전송 장치와 배터리

긴 시간이 걸리는 수술 끝에 CIA는 흰색과 회색 털로 온몸이 뒤덮인 암컷 고양이를 살아 있는 도청 장치로 변신시켰습니다. 귀 안쪽으로 작은 마이크로폰microphone을 이식한 다음 안테나에 해당하는 전선이 등 쪽을 통해 꼬리까지 이어지게 했습니다. 수집한 대화를 녹취하고 본부로 전송할 수 있는 장치도 집어넣었습니다. 다만 체구가 작은 고양이에게 맞춰 넣다 보니 배터리 크기도 작을 수밖에 없었고 따라서 녹음할 수 있는 시간도 짧았습니다. 5년의 준비 기간과 2000만 달러의 비용으로 세상에 없는 스파이 고양이가 탄생한 순간이었습니다.

자, 스파이 고양이는 그들의 기대대로 007 제임스 본드에 버금가는 정예 요원으로 거듭났을까요? 세계정세를 뒤바꿀 중요한 첩보 현장에 투입돼 화려한 활약상을 펼쳐 보였을까요?

문제는 고양이가 훈련하기 대단히 어려운 존재라는 데 있었습니다. 인명 구조견, 맹인 인도견, 마약 탐지견, 양치기 개 등 특정한 상황에서 특정한 행동을 보이게끔 훈련 가능한 개들과 비교해서 말이지요. 고양이는 개와 달리 행동의 다양성이 부족합니다. 어떤 동물이든 한 번도 해 보지 않은 행동을 배우는 것은 어렵습니다. 평상시에 하는 행동을 재구성하는 것이 훈련의 핵심이므로 본질적으로 행동이 다양하지 못한 동물을 상대로 훈련을 하기는 힘듭니다.

또한 고양이는 천성적으로 사람에게 그다지 주의를 기울이지 않습니다. 인간인 주인을 만족시키고자 하는 욕망 따위는 없죠. 그렇다 보니 주인이 해 주는 간단한 신체 보상도 큰 보상으로 여기고 잘 따르는 개와는 다르게 '먹이' 이외에는 잘 반응하지 않습니다.

뛰어난 청각과 시각, 후각,• 그리고 무엇보다 높은 곳에서 갑자기 떨어져도 상처 하나 없이 착지할 수 있는 '낙하산 공중 발레' 기술을 비롯한 정교한 균형 감각과, 뺨과 팔꿈치에 난 감각모를 사용해 조용하고 은밀하게 접근하는 능력 등 스파이에게 필요한 자질을 고루 갖추고 있음에도 고양이가 정예 요원이 될 수 없는 이유지요.

첫 공식 시험 날, CIA의 스파이 고양이는 공원 벤치에 앉아 있는

• 　고양이는 초음파까지 들을 수 있을 만큼 가청 범위가 넓으며 소리의 발생원을 정확하게 찾아내는 능력이 있습니다. 시각은 아주 작은 움직임도 포착하고 특히 어둠 속에서 희미한 빛에도 사물을 볼 수 있는 야간 시력이 발달해 있지요. 냄새를 통해 먹잇감을 쫓는 것은 물론 같은 종의 존재도 알아채는 후각 능력 또한 갖고 있습니다.

두 사람의 대화를 녹취하는 임무를 띠고 차량에서 풀려났습니다.
하지만 지켜보는 요원들의 바람과 달리 거리로 훌쩍 나가 버렸고
그 즉시 달려오는 택시에 치고 말았습니다. '어쿠스틱 키티' 작전은
얼마 안 가 폐기되었습니다. 2000만 달러의 고양이를 한순간에 도
로 한복판에서 잃은 CIA는 그제야 고양이라는 미지의 존재를 이해
하기 시작한 것 같습니다. 서류 마지막 부분에 이르러, 고양이를 훈
련해 스파이로 활용하려던 계획이 전혀 실용적이지 않다고 고백하
고 있으니까요.

모든 것을 기억하는 여자

"어떤 날짜든지 말해 보라. 듣자마자 그 날짜의 특정한 순간으로 곧장 내달려 그날이 무슨 요일인지, 그 당시 내가 들었던 범위 안에서 어떤 중요한 사건이 벌어졌는지, 그날 내가 한 일은 무엇이었는지 말해 줄 수 있다."

— 질 프라이스 · 바트 데이비스, 《모든 것을 기억하는 여자》

연구실에 들어서자 탁자 위에 '20세기 매일의 사건 사고'라고 적힌 두꺼운 책이 놓인 게 보였습니다. 미리 준비해 둔 두 장의 목록이 곧 그녀에게 건네졌습니다. 한 장에는 지난 30년간 일어난 주요 역사적 사건들이 빽빽이 적혀 있었고 다른 한 장에는 날짜들만이 나

열돼 있었습니다. 날짜 목록부터 시작하기로 했습니다. 남자가 날짜를 하나씩 부르면 여자는 그날 무슨 일이 있었는지 답했습니다.

"1979년 11월 5일."

"월요일이네요. 그날 일은 모르겠어요. 하지만 전날엔 이란 학생들이 테헤란에 있는 미국 대사관에 난입한 사건이 있었죠. 그 뒤로 444일간이나 인질을 잡아 두었고요."

책을 들여다보던 남자는 고개를 가로저었습니다.

"그 일은 11월 5일에 일어났어요."

"그럴 리가 없어요. 분명 11월 4일에 있었던 일이에요."

결국 다른 문헌을 찾아보기로 했습니다. 확인 결과, 그녀의 말이 맞았습니다. 남자는 깜짝 놀랐습니다. 그 뒤로도 목록에 적힌 모든 날짜에 대해 그녀는 막힘없이 대답했고 모두 정확히 맞았습니다. 특정한 사건을 제시하고 날짜를 맞히는 테스트도 완벽했습니다. 몇 년 뒤 그녀에 대한 논문이 게재되었습니다. 연구 대상자의 익명성을 보장해 주는 관례에 따라, 'AJ'라고 명명된 세계 최초의 과잉 기억 증후군hyperthymesia, hyperthymestic syndrome 사례가 세상에 모습을 드러내는 순간이었습니다.

AJ는 열네 살 이후로 겪은 모든 일을 완벽에 가깝게 기억하고 있었습니다. 여덟 살 되던 해인 1974년부터 기억이 세밀해지기 시작해 1980년에 이르러서는 거의 모든 것을 기억하게 되었습니다. 길을 걷다 라디오에서 노래가 흘러나오면 관련된 기억이 툭 튀어나왔습니다. 날짜나 이름, 사건을 들을 때도 그랬죠. 마치 매일을 비디오카메라에다 담아 놓고 어느 날 갑자기 아무 테이프나 꺼내 틀어 보는 것처럼 불쑥불쑥 기억이 떠올랐고, 일단 떠올리고 나면 의지와는 상관없이 그 시간 속으로 빨려 들어가 그날을 다시 사는 듯 생생하게 느꼈습니다.

대부분의 사람들이 매우 충격적이거나 정서적으로 각성이 되는 사건을 겪으면 선명하게, 오래도록 기억해 내기도 합니다. 주로 뉴스를 통해 접한 존 F. 케네디John F. Kennedy 암살이나 우주선 챌린저호 폭발, 9·11 테러 같은 끔찍한 사건들, 그리고 개인적으로도 교통사고나 사랑하는 이와의 이별과 같은 극적이고 정서적으로 크나큰 영향을 미친 사건들의 경우 오랜 시간이 흘러서까지 상세한 기억을 유지하곤 하지요. 마치 그 일을 경험할 당시를 순간적으로 한 장의 사진으로 포착해 놓은 것처럼 말입니다.

하지만 AJ의 기억은 이 같은 섬광 기억flashbulb memory과 달랐습니다. 그녀는 정서적 강도와 무관하게 기억했고 다른 사람들이 흔히 기억하지 못하는 아주 어릴 적의 기억까지 끄집어내곤 했습니다. 그리고 영화 〈레인맨Rain Man〉에 등장한 서번트 증후군savant syndrome을 앓는 사람들처럼 암기나 계산 등 특정한 유형의 정보에 대해서만 엄청난 기억력을 갖고 있지도 않았습니다.

정서적으로 크나큰 영향을 미친 사건은
한 장의 사진으로 포착해 놓은 것처럼 저장되어
오랜 시간 동안 기억에 남아 있습니다.

×10

AJ가 가진 특별한 기억 능력은 '자서전적 기억autobiographical memory'●과 관련이 있었습니다. 자서전적 기억은 살면서 자신이 경험한 일들에 관한 개인적 기억을 말합니다. 그녀는 언제 학교에 입학했고 고등학교 졸업 파티가 열렸으며 첫사랑과 헤어졌는지 하는 인생에서 겪는 특별한 사건들뿐만 아니라, 무료하게 집에서 텔레비전만 본 일요일 오후처럼 고요하게 흘러간 일상까지 모조리 기억했습니다. 심지어 오븐에서 굽는 감자 냄새를 맡을 때마다 두 살 무렵으로 돌아가 당시의 일들을 떠올렸습니다. 직접적인 관련은 없지만 텔레비전이나 라디오에서 보거나 들은 사건과 뉴스들을 선명하게 기억하는 것은 물론이고요.

항상 제멋대로 두서없이, 통제 불능으로 아무 때고 휘몰아치는 과거의 기억은 그녀를 고통스럽게 만들기도 했습니다. 자신이 기억 속에 갇힌 죄수처럼 여겨진다고도 했지요. 사실 우리에게는 살면서 상처를 받거나 자존감을 해치는 나쁜 기억을 시간의 흐름과 함께 얼마간 잊을 수 있는 '망각'이라는 선물이 있습니다. 무심코 친구에게 뱉은 어리석은 말, 부끄럽기 짝이 없는 행동, 두려움과 불안에 떨었던 어린 시절의 밤들, 좌절의 순간. "기억력이 나쁜 것의 장점은 같은 일을 마치 처음처럼 몇 번이나 즐길 수 있다는 것이다."라는 프리드리히 니체Friedrich Nietzsche의 말도 있듯 망각이 때로는 우리 삶에 축복이 되기도 합니다. 그리고 자신에게 유리한 방향으로 기

● 일화 기억(episodic memory)이라고도 합니다.

억을 왜곡하는 '자기중심성 편향egocentrism bias'이라는 기억 오류도 있고요. 우리는 이들을 통해 다시는 보고 싶지 않은 과거의 내 모습과 인생의 힘겨웠던 순간을 저편으로 밀어내고 다시 일어설 수 있습니다.

한 연구에 따르면 300일간 일어난 사건 중 사람들은 3퍼센트만을 정확하게 기억한다고 합니다. 3주 동안 있었던 일 중에서 한 가지 정도만 또렷하게 기억하는 셈이죠. 망각이 발생하는 이유에 대해서는 새로이 입력된 정보가 이전 정보와 합쳐지면서 간섭이 일어난다든가 저장된 정보를 끄집어낼 수 있는 인출 단서●가 없어서라는 등의 설명이 제기되고 있지만 기억만큼이나 망각의 과정 또한 아직까

사이언스 라디오

지는 많은 부분이 베일에 싸여 있습니다.

AJ를 연구한 과학자들은 그녀의 뇌가 일화 기억에 대한 인출 단서를 제어하지 못해 수시로 기억을 불러낸다고 결론지었습니다. 일반적으로 좌우 대뇌피질의 특정 영역이 일화 기억의 인출을 담당한다고 여겨지는데, 그녀는 이 영역이 이례적으로 다른 것 같다고 추정되었습니다. 실제로 후속 연구에서 그녀의 뇌를 자기 공명 영상MRI으로 촬영을 해 보자, 대뇌 구조 중 24개 영역이 정상인에 비해 컸으며 그중 몇몇은 놀라울 정도로 큰 것으로 밝혀졌습니다.** 과학자들은 과잉 기억 증후군이 기억 손상을 치료하거나 예방하는 데 실마리를 제공할 것으로 보고 계속해서 연구를 진행하고 있습니다.***

아르헨티나의 작가 호르헤 루이스 보르헤스Jorge Luis Borges의 작품 중에 〈기억의 천재, 푸네스Funes El Memorioso〉라는 단편 소설이 있습니다. 말에서 떨어지는 사고를 겪은 후 소년 푸네스는 비상한 기억력을 갖게 됩니다. 보고 듣고 읽은 모든 것을 완벽하게 기억했고 기

● 새롭게 받아들인 정보가 장기 기억으로 저장이 될 때 단어나 소리, 냄새처럼 정보와 관련이 있는 단서들이 함께 저장이 됩니다. 이 단서들이 나중에 기억을 끄집어낼 때 이용됩니다. AJ의 경우, 정보가 저장될 때 엄청난 양의 인출 단서들이 함께 저장되기 때문에 훨씬 많은 기억을 유지한다고 생각이 되기도 합니다.

●● 특히 대뇌기저부에 있는 미상핵(caudate nucleus)과 측두엽(temporal lobe)이 큰 것으로 나타났습니다.

●●● 자서전적 기억이 뛰어난 11명의 뇌를 관찰한 최근 연구에서는 이들의 뇌에서 전뇌와 중뇌 사이의 백질 연결이 다른 사람들보다 강한 것을 발견했습니다. 또한 강방 신경증(Obsessive-Compulsive Disorder, OCD)과 관련된 뇌 부위가 정상인보다 크다고 보고했습니다. 실제로 자서전적 기억이 뛰어난 사람들은 잡지나 우표, 엽서, 신발 등 본인이 소중하게 여기는 물품들을 버리지 않고 모아 두는 성향이 있다고 합니다.

"기억력이 나쁜 것의 장점은 같은 일을 마치
처음처럼 몇 번이나 즐길 수 있다는 것이다."

— 프리드리히 니체

억한 것들을 되새기느라 다른 생각을 할 수도, 잠을 잘 수도 없었습니다. 결국 푸네스는 기억들 속에 길을 잃고 갇히는 비극적 결말을 맞이합니다.

연구자들을 만나기 전까지 AJ의 삶도 푸네스와 비슷했습니다. 자라면서 더 많은 경험을 하게 되고 기억하는 일들도 늘어나자 기억의 무게에 짓눌리는 것만 같은 고통에 시달리곤 했습니다. 무엇보다 그녀를 괴롭혔던 건, 왜 나의 기억은 다른 사람들과 달리 특별할까 하는 의문이었습니다. 도대체 머릿속에서 무슨 일이 일어나고 있는지 궁금했지만 아무도 답을 알려주지 않았습니다. 그러던 2000년 6월의 어느 날, AJ는 용기를 내어 신경생물학자를 찾아갔습니다. 그동안 숨겨 두었던 자신의 진짜 모습을 과학자들 앞에 내보였습니다.

그녀의 독특한 기억 능력은 우리 머릿속에서 일어나고 있는 기억과 망각을 연구하는 데 도움을 주고 있습니다. 자신이 과잉 기억 증후군을 앓고 있다는 사실을 알지 못한 채 그녀와 마찬가지로 고통을 겪고 있던 많은 이들을 세상 밖으로 불러내는 데에도 기여를 하였고요.• 무엇보다 그녀 자신 또한 과학자들의 도움을 받아 서서히 스스로의 비밀에 다가가면서 기억에 지배당해 온전한 기쁨을 누리지 못했던 자신의 삶을 되찾게 되었습니다. 다시 일상으로 돌아온 후 AJ는 질 프라이스Jill Price라는 자신의 이름으로, 더 이상 기억에 갇힌 죄수가 아닌 기억의 파수꾼으로 살아가고 있습니다.

• 과잉 기억 증후군으로 진단 받은 사람들은 전 세계에서 30명 정도라고 합니다.

지구에서 달까지, 38만 킬로미터

닐	좋아. 문을 좀 더 열 수 있겠나?
버즈	해 보지.
닐	좋아.
관제소	여기는 휴스턴. TV 화면을 기다리고 있다.
닐	휴스턴, 닐이다. 라디오 확인한다.
관제소	여기는 휴스턴. 크고 명확하게 들린다. 버즈, 라디오 확인한다. 그리고 TV 차단기 점검 바란다.
버즈	알겠다. TV 차단기 확인, 양호하다.
관제소	TV에 화면이 뜨고 있다.
버즈	그림이 꽤 괜찮지 않은가?

관제소	명암 대비contrast가 엄청나다. 지금 우리 모니터상에서 위 아래가 뒤집혀 보이긴 하지만 조정해 볼 수 있겠다.
버즈	좋다. 위치를 한 번 확인해 주겠나? 시작을 카메라에 담아야 하니까.
관제소	좋다. 닐, 이제 사다리로 걸어 내려가는 모습을 여기서 볼 수 있다.
닐	지금 사다리 아래에 서 있다. 표면은 매우, 매우 고운 알갱이로 되어 있는 것 같다. 그런데도 착륙선의 다리 끝 footpad●이 표면을 내리누른 정도는 1 내지 2인치밖에 안 된다. 가까이서 보면 거의 가루 같다. 저 아래는 정말 입자가 미세하다. 이제 착륙선에서 내려가겠다. 한 인간에게는 작은 걸음이지만 인류에게는 크나큰 도약이다.

공기도, 소리도, 그 어떤 생명체의 흔적도 없는 그곳으로 그는 왼발을 내딛었습니다. 그렇게 닐 암스트롱Neil Armstrong은 달을 밟은 첫 번째 사람이 되었습니다.

1969년 7월 16일 수요일, 미국 플로리다 주 케네디우주센터 Kennedy Space Center에는 무더위도 잊은 채 수많은 사람이 몰려들었

● 우주선이 연착륙할 때 쓰이는 납작한 각부(脚部)를 뜻합니다.

"이제 착륙선에서 내려가겠다. 한 인간에게는
작은 걸음이지만 인류에게는 크나큰 도약이다."

— 닐 암스트롱

×10

습니다. 2만 명의 귀빈, 100만 명의 일반인, 3,500명의 기자. 그리고 보다 많은 사람이 닷새 전부터 계속된 카운트다운을 텔레비전으로 시청하고 있었습니다. 우주선이 발사대를 떠나 나흘간의 우주여행 끝에 38만 킬로미터 떨어진 달의 표면, '고요의 바다'에 무사히 착륙했을 때, 마침내 암스트롱이 착륙선인 이글호Eagle 밖으로 첫발을 내딛었을 때에는 47개국 6억 명의 사람이 텔레비전 화면을 숨죽이며 바라보고 있었습니다.

암스트롱의 뒤를 이어 '버즈Buzz'라는 애칭으로 더 유명한 에드윈 올드린Edwin Aldrin이 달에 내렸습니다. 두 사람은 달에 있는 20여 시간 동안 토양 샘플을 채취하고 지구까지의 거리를 측정하고 지진이나 유성이 충돌한 흔적을 찾는 등 간단한 실험을 할 예정이었습니다. 하지만 예상하지 못한 일이 생길 경우를 대비해 우주 비행사들은 착륙 지점에서 60미터 이상 벗어날 수 없었습니다. 착륙선 밖에서 달을 탐사할 수 있는 시간도 기껏해야 두 시간 남짓이었습니다.

당시에는 달에 대해 잘 알지 못했기에 그곳에 인간이 갔을 때 무슨 일이 벌어질지는 어느 누구도 장담할 수 없었습니다. 달의 중력이 지구 중력의 6분의 1이며 대기가 거의 없고 표면이 흙과 암석으로 뒤덮여 있다는 기본적인 정도만 알고 있었지요. 그리하여 인류의 오랜 소망이었던 달 세계로의 여행이 드디어 현실화되려 하는 그때 아폴로 계획 자체를 우려하는 사람들이 많았습니다.

×10

달의 표면이 먼지(월진)로만 이루어져 있어서 착륙선이 내려앉자마자 달의 먼지 속으로 가라앉아 버리고 말 거라는 학자도 있었습니다. 얼음 투성이 경사면이나 녹아내리는 용암 위, 크레바스crevasse 같은 좁은 틈새로 곤두박질칠지도 몰랐습니다. 우주 비행사들과 착륙선에 묻은 채 지구로 들어온 외계 박테리아들로 인해 지구 생물이 위협 받으리라는 우려를 내비치는 사람들도 있었습니다.

착륙선의 그 가는 다리로 달의 경사면에 착륙이 가능하겠느냐, 고장 나지 않는 세탁기를 만드는 것도 이렇게 어려운데 달에 착륙할 우주선을 만들 수나 있겠느냐 등등 당시 인류가 가진 과학 기술력에 회의적인 사람들도 있었습니다. 혹시나 이륙을 하지 못해 달 표면에 고립될 상황에 대비하여 달 착륙선 표면을 먹을 수 있도록 만들려는 시도도 있었다고 합니다. 하지만 차라리 굶어죽는 편이 낫겠다 싶을 만큼 맛이 너무 끔찍해서 이 실험은 폐기해 버리고 말았다죠.

착륙하는 동안 아무런 위험이 없었던 것은 아닙니다. 달 상공에 도달한 후 사령선 컬럼비아호Columbia에는 사령선의 조종사 마이클 콜린스Michael Collins만 남고 암스트롱과 올드린은 착륙선 이글호에 옮겨 탄 뒤 사령선과 분리되었습니다.* 그런데 암스트롱이 이글호를 조종하는 데 걸린 시간이 애초에 설정해 둔 값보다 2초가 빨랐습니다. 컴퓨터가 이 오차를 반영하지 못했고 착륙 지점을 지나쳐 버

---

* 콜린스는 두 사람이 달의 먼지 속을 탐험하는 동안 컬럼비아호를 몰고 달 주위를 돌 예정이었습니다.

리는 바람에 마지막 10분 동안 표류하며 착륙할 장소를 찾느라 애를 먹었습니다. 점차 떨어져 가는 연료를 신경 쓰며 착륙선을 바스라뜨 릴지도 모를 거대한 암석 같은 장애물이 없는 곳을 찾아야 했죠.

하지만 먼지 폭풍을 뚫고 이글호는 성공적으로 달 표면에 내려앉 았습니다. 깊고 깊은 달 구덩이 속에 폭삭 가라앉아 버리지도 않았 고 미지의 외계인으로부터 공격 받거나 신비한 힘에 이끌려 달 표 면에 고립되는 일도 없었습니다. 짧긴 했지만 인류의 첫 달 탐사를 마치고 세 명의 아폴로 11호Apollo 11 우주 비행사는 8일 만에 무사히 지구로 귀환했습니다.

지구가 아닌 우주의 다른 공간에 인류가 발을 내딛은 이 기념비적인 사건 이후 지금까지 다섯 대의 우주선이 더 달을 향했습니다. 달을 거닌 사람은 총 열두 명이고요(함께 우주선을 타고 갔지만 마이클 콜린스처럼 달에 착륙하지 못한 사람은 총 여섯 명입니다.). 비록 달에서 가져온 것은 흙먼지와 돌 몇 킬로그램에 불과했지만, 달을 탐험하고 달을 거닐고 그리고 그 과정을 함께 지켜본 일은 분명 매우 뜻 깊은 경험이었을 것입니다. 달 표면을 밟은 우주 비행사들뿐만 아니라 우리 모두에게 말이지요.

갖은 우려와 회의 어린 시선에도 불구하고 성공리에 달 탐사를 마침으로써 지금껏 우리 인류가 쌓아 올린 과학기술이 어느 정도인지 직접 눈으로 확인할 수 있었습니다. 많은 사람이 우주여행을 꿈꾸며 상상의 세계를 확장했음은 물론입니다. 아폴로 11호는 비록 달을 향해 작다면 작은 한 걸음을 내딛었지만 그 한 걸음은 우주 시대, 그리고 과학기술이 보다 눈부시게 발전할 수 있는 크나큰 도약으로 이어진 셈입니다.

갈릴레오의 달

"나는 잘 알고 있소! 크프우프크 노인이 소리쳤다. 여러분은 기억할
수 없겠지만 나는 기억한다오! 어마어마하게 큰 달이 항상 우리 위에
있었지. 보름달이 될 때면 달이 우리를 짓눌러 버릴 것 같았지. 그때는
밤도 대낮처럼 밝았는데 달빛은 버터 색이었소. …… 우리가 달에 올
라가려는 시도를 해 봤냐고? 당연히 해 봤겠지? 배를 타고 달 밑으로
가서 사다리를 달에 기대 놓고 올라가기만 하면 됐소."

— 이탈로 칼비노, 《우주만화》

하늘에 떠 있는 모든 것이 신비로움으로 가득하던 시절, 저기 저
멀리서 반짝이는 별들과, 이따금씩 밤하늘을 가로질러 산 너머 어

하늘에 떠 있는 모든 것이 신비로움으로
가득하던 시절, 가장 가까이에서 매일 다른 모습으로
밤하늘을 수놓는 달은 숱한 사람들의 호기심과
상상력을 자극하는 천체였습니다.

딘가로 떨어지는 유성, 낮을 환히 밝히는 태양과 함께 밤을 은은하게 비추는 달, 그중에서도 가장 가까이에서 매일 다른 모습으로 밤하늘을 수놓는 달은 숱한 사람들의 호기심과 상상력을 자극하는 천체였습니다.

그리스 신화에서는 태양 신 아폴론Apollon의 쌍둥이 여동생인 아르테미스Artemis가 달을 주관합니다. 아르테미스는 달의 여신인 동시에 사냥의 여신, 야생 동물을 수호하는 신이기도 하지요. 로마 신화에서는 디아나Diana, 그리스 신화가 등장하기 이전에는 셀레네Selene가 달을 관장하는 신으로 등장하지만 이름은 달라도 이들에게는 공통점이 있습니다. 바로 여신이며 '순결'을 상징한다는 것입니다. 우리에게도 호랑이에게 쫓긴 오누이가 동아줄을 타고 하늘로 올라가서 오빠는 해가 되고 여동생은 달이 됐다는 설화가 있지요. 이처럼 달은 순결하고 완벽한 아름다움을 지닌 모습으로 오랫동안 여겨져 왔습니다. 실제로 달을 아주 가까이에서 들여다보기 전까지는 말입니다.

처음으로 달을 '과학적인 도구'를 사용해 가까이에서 관측한 사람은 누구일까요? 영국의 수학자이자 천문학자인 토머스 해리엇Thomas Harriot이 1609년 7월, 망원경으로 달을 관측한 것이 최초의 기록으로 남아 있습니다. 하지만 그는 달이 수정구처럼 매끄럽고 완벽한 천체라고 생각한 기존의 아리스토텔레스 우주관에서 벗어나지 못했습니다. 달은 천상계와 지상계의 경계에 위치하고 있으므로 흠 하나 없는 완벽한 존재임에 틀림없다는 생각이 과학계 안에서도 오랫동안 통념으로 자리 잡고 있었습니다.

달 또한 지구와 다름없는 울퉁불퉁한 표면으로 이루어져 있다는 사실, 즉 달의 맨얼굴을 처음 관찰하고 세상에 드러낸 사람은 갈릴레오 갈릴레이Galileo Galilei였습니다. 해리엇이 달을 관측했던 바로 그해 11월에서 12월에 걸쳐 자신이 직접 만든 망원경으로 달을 살펴본 결과였습니다.

1609년 5월, 갈릴레오는 베네치아를 방문하는 동안 네덜란드인이 발명한 망원경에 대한 소식을 접했습니다. 망원경을 누가 처음 만들었는지에 대해서는 의견이 분분하지만 전해인 1608년 네덜란드에서 등장했다는 것만은 확실합니다. 갈릴레오는 곧 망원경 개발에 착수했습니다. 물체를 아홉 배 크게 볼 수 있는 3배율 망원경을 시작으로 8배율을 거쳐 20배율 망원경을 제작하는 데 성공하지요. 그리고 이 20배율 망원경을 하늘로 향해 제일 처음 관측한 대상이 바로 달이었습니다.

갈릴레오의 망원경으로 달 표면을 지금처럼 자세히 볼 수 있었던 것은 아니었습니다. 갈릴레오가 본 것은 세 가지였습니다. 달의 밝은 면과 어두운 면이 만나는 경계선이 울퉁불퉁하다는 것과, 밝은 부분에는 어두운 점들이, 경계선 인근 어두운 면에는 밝은 점들이

존재한다는 것이었지요. 만일 달 표면이 수정구처럼 매끈하다면 나타날 수 없는 현상들이었습니다. 갈릴레오는 달 표면에 높은 산이나 계곡, 분화구 등이 존재하는 탓에 태양 빛을 받은 표면이 이 같은 모습을 보인다고 생각했습니다. 달이 지구와 마찬가지로 불완전한 존재라 감히 말함으로써 천체들은 완벽하다는 기존 세계관에 도전장을 내밀었던 것입니다.

이후 갈릴레오는 목성과 목성 주위를 도는 네 개의 위성(달)*, 은하수까지 관측했고 이 결과들로 1610년 3월, 《별의 소식Sidereus Nuncius》을 출판합니다. 책 속에는 갈릴레오가 직접 자신이 만든 망

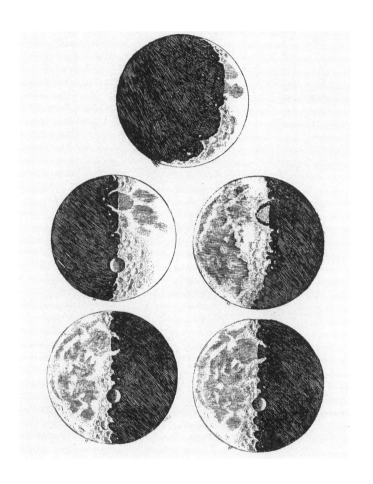

원경으로 관찰하고 그린 달 스케치도 담겨 있었습니다. 책의 출간
과 함께 달 표면이 완벽하게 매끄럽지 않다는 사실은 급속히 퍼져
나갔습니다. 흠 없이 완벽한 달이라는 이상은 역사의 뒤안길로 사
라지게 되었고 말입니다.

● 이 네 개 위성에는 '갈릴레이 위성(Galilean moons)'이라는 이름이 붙
었습니다. 위성 각각은 '이오', '에우로페', '가니메데스', '칼리스토'로 이
름 지어졌고요.

channel **02.**

5분간의 여행

반 고흐의 흔적을 찾아서

　어스름이 깃든 들녘을 바라보며 그가 서 있습니다. 추수를 마친 밀밭에는 군데군데 건초더미가 쌓여 있고 저 멀리 담장 너머로 보이는 하늘은 물결이 치듯 일렁이고 있습니다. 마치 사람 옆모습을 닮은 것도 같은, 독특한 생김새를 한 산 중턱 위로 이제 막 선명한 주홍빛의 원반이 떠오르고 있는 참입니다. 주홍빛 물체가 모습을 드러냄에 따라 캔버스 위를 오가는 그의 붓질도 한결 바빠졌습니다. 방해하는 이 하나 없는 적막과 고요 속에서 그는 열정을 다해 자신의 눈앞에 펼쳐진 풍경을 그림에 담습니다. 1889년의 어느 여름날이었습니다.

　아를에서의 일들을 뒤로 하고 1889년 5월, 빈센트 반 고흐Vincent

예술사가나 화가도 아닌 고흐의 삶과 그림에
관심을 가진 천문학자가 있었습니다.
이 밀밭 그림에 무슨 비밀이라도 있는 걸까요?

van Gogh는 생레미에 있는 한 정신 병원 시설로 거처를 옮깁니다. 지난해 겨울, 그토록 바라 마지않았던 고갱과 함께하는 생활이 끝내 파국에 이르고, 면도칼로 자신의 귀를 잘라 내는 극단적인 행동을 보인 후 반 고흐는 아를을 떠나야만 했습니다. 환각과 환청, 망상 등으로 입원과 퇴원을 반복했으며 그를 '빨간 머리 미치광이fou roux, the redheaded madman'라 부르는 동네 사람들의 탄원으로 안락했던 '노란집'마저 폐쇄당하고 말았습니다. 외부와 단절된 채 조용히 치료에 집중하길 원했던 고흐에게 과거 수도원이었던 생폴 병원*만큼 제격인 곳도 없었습니다.

생레미 시절은 고흐의 삶에서 가장 힘든 시기였던 동시에 가장 창조적인 시기이기도 했습니다. 이듬해 5월까지 1년을 지내면서 본인의 작품 중 가장 널리 사랑 받게 될 〈별이 빛나는 밤The Starry Night〉을 비롯해 200여 점의 작품을 남겼습니다. 아를에서의 행복했던 때를 떠올리며 당시 머물렀던 '노란 방'이나 자기 자신의 모습을 그리기도 했지만 주로 병동 안팎을 거닐며 정원에서 관찰한 꽃과 나무, 주변 풍경을 화폭에 담았습니다. 사이프러스나무와 붓꽃, 밀밭 등이 자주 등장하는 소재였지요.

● 생폴 병원은 17세기 초에 지어진 건물로 밀밭이 보이는 언덕 위에 자리하고 있었습니다. 주변을 높은 산들이 에워싸고 있어 공기가 맑고 조용한 곳이었습니다. 고흐는 이곳에서 병원 앞 정원이 내려다보이는 방 두 곳을 배정 받아 한 곳은 침실로, 한 곳은 작업실로 사용했습니다. 정신 병원이라 규칙이 엄격했지만 곁에 보호자만 있으면 병동 밖에서 그림을 그릴 수도 있었고요. 침실에서는 해가 뜨는 것을 볼 수도 있었다고 합니다.

산 중턱 너머로 보이는 둥그런 주황색 물체와 그 앞에 펼쳐진 샛노란 밀밭 그림 또한 생레미 시절 작품입니다. 고흐가 그린 수많은 밀밭 그림 중에서도 이 작품은 특별합니다. 먼 훗날 한 천문학자가 이 그림 속 고흐의 발자취를 뒤쫓아 생폴 병원까지 찾아오게 되기 때문이지요. 예술사가나 화가도 아닌 천문학자가 왜 고흐의 삶과 고흐의 그림에 지대한 관심을 쏟는 것일까요? 이 밀밭 그림에 무슨 비밀이라도 있는 걸까요?

고흐는 동생 테오Theo van Gogh와 주고받은 편지를 통해 그림이 그려진 시기를 드러내고 있습니다. 1889년 7월 편지에서 '별이 총총한 하늘에 관한 작품'을 마쳤다고 얘기합니다. 예술사가들은 이 새로운 작품이 바로 〈별이 빛나는 밤〉을 의미한다고 판단했습니다. 하지만 'F735'라고 불리던 밀밭 그림에 대해서는 그림이 그려진 정확한 시기를 알 수가 없었습니다. 더욱이 주황색 원반의 정체도 모호했습니다. 지금 막 떠오르고 있는 해일까요? 아니면 지고 있는 해일까요? 달일 수도 있습니다.

보름달은 지평선 가까이에서는 주황색으로 빛나 보이기도 하거든요. 천체물리학자 도널드 올슨Donald W. Olson은 밀밭 그림의 수수께끼를 푸는 데 천문학이 도움이 되리라 생각했습니다. 색색으로 변하는 자연 풍경만큼이나 고흐는 해와 달과 별이 수놓인 밤하늘을 화폭에 담길 좋아했으니까요. 그리고 정말로, 100여 년 만에 고흐가

서 있던 바로 그곳에서 올슨은 고흐가 바라보고 있던 것의 정체를 밝혀내었습니다.

고흐는 6월에 쓴 편지에서 아직 해가 지기 전 동쪽 하늘로 금성이 떠오르는 모습을 관찰했다고 쓰고 있습니다. 고흐가 있던 곳, 즉 병원 건물이 동쪽을 향해 있음을 알 수 있습니다. 그러니까 서쪽 방향에서 볼 수 있는 일몰이나 월몰은 용의선상에서 제외됩니다. 날짜가 적혀 있지는 않지만 여름에 보낸 다른 편지에서는 담벼락으로 에워싸인 밀밭에서 밀을 수확하는 사람을 스케치한 그림(문제의 F735와 비슷한 배경을 하고 있습니다.)을 언급하며 동일 배경으로 월출을 그리고 있다는 얘기를 합니다. F735의 주황색 원반이 '태양'에서 '보름달' 쪽으로 살짝 더 기울었습니다.

이제 과학이 나설 차례입니다. 올슨은 생폴 병원으로 달려갔습니다. 100여 년이 흐른 후였지만 다행히도 주변 경관은 크게 변함이 없었습니다. 병동 남동쪽으로 그림 속에 등장하는 산과 동일한 산이 보였습니다. 며칠 밤낮을 지형지물의 위치 및 고도, 방향, 산 중턱으로 해와 달과 별이 뜨는 걸 지켜보았습니다. 삼각법*을 이용해 고흐가 그림을 그렸던 자리를 정확히 짚어 냈습니다. 지금은 정원으로 바뀐, 병동 앞 밀밭에서 북쪽 벽에 가까운 곳이었지요.

모두가 알다시피 천체는 규칙적인 운동을 합니다. 하루를 주기로 뜨고 지지만 매일 밤 뜨는 위치는 달라져서 달은 평균 13도 정도 동쪽으로 이동한 위치에서 뜹니다. 지구 둘레를 일주하는 데에는 약 29.53일이 걸리죠. 이 주기를 삭망월朔望月이라고 합니다. 올슨은 천체의 주기와 지평선과의 위치 및 각도, 고흐가 그림을 그렸던 자리, 1889년 여름의 천체 운동을 모두 계산한 결과, 주황색 원반이 '보름달'이며, 그 즈음 보름달이 뜬 날인 5월 16일과 7월 13일 중 7월 13일로 최종 결론을 내렸습니다. 그림 속 밀들이 완연히 익은 황금색을 띠고 있었기 때문입니다. 마지막으로 한 가지 더, 그날 보름달은 정확히 밤 9시 8분에 산 중턱 위로 고개를 내밀기 시작했습니다.**

• 삼각형의 여섯 요소인 세 변의 길이 및 세 각의 크기 가운데서 '세 변의 길이', '한 변의 길이와 두 각의 크기', '두 변의 길이와 그 끼인각의 크기' 중 어느 것이 정해지면 그 삼각형이 결정됩니다. 천문학이나 지리학, 해양학뿐 아니라 측량 등 일상생활에서도 자주 사용됩니다.

•• 지난 2003년은 고흐 탄생 150주년이 되는 해였습니다. 게다가 그해 7월 13일에는 고흐가 〈월출〉을 그렸던 때와 바로 동일한 장소에서 보름달이 뜨는 걸 볼 수 있었다고 합니다.

한 천문학자의 기발한 호기심 덕분에 오랜 세월 이름을 찾지 못했던 F735는 〈월출Moonrise〉이라는 제 이름을 확실하게 되찾게 되었습니다. 천체물리학이라는 새로운 렌즈로 한 예술가의 불운했던 삶 마지막 시기 또한 보다 상세히 들여다볼 수 있게 되었습니다. 1889년 7월 13일 밤, 고흐는 병동 앞 밀밭에 나와 있습니다. 어둠이 막 내리기 시작한 여름밤은 제법 선선했을 겁니다. 9시 8분, 동쪽 산중턱으로 보름달이 환하게 빛을 발하며 떠오릅니다. 온 사방이 조용한 가운데 그가 붓을 집어 듭니다. 보름달이 산 중턱에 걸려 있는 시간은 단 2분. 그는 온 정신을 집중하여 빠르게 붓질을 이어 갑니다. 그날의 보름달은 그렇게 그림 속에 새겨졌습니다.

별을 찾아라

미국 텍사스 주립대학교의 천체물리학자 도널드 올슨은 법의천문학Forensic Astronomer이라는 새로운 학문 분야를 개척했습니다. 마치 범죄 현장에 남겨진 혈흔이나 지문, 발자국 등의 단서를 사용해 범죄의 수수께끼를 풀듯이, 태양과 달, 별처럼 작품 속에 등장하는 천체들을 가지고 예술 작품의 숨겨진 비밀을 밝히는 것이지요. 소설가와 화가 들이 과학자 못지않은 자연의 세심한 관찰자라는 데 주목한 결과였습니다.

시작은 영국의 시인인 지오프리 초서Geoffrey Chaucer의 중세 사회를 담은 작품 《캔터베리 이야기The Canterbury Tales》였습니다. 블랙홀과 은하를 연구하고 있던 올슨은 같은 대학교에서 영문학 교수로

소설가와 화가 들은 과학자 못지않은
자연의 세심한 관찰자입니다.

있던 아내 마릴린Marilynn과 함께 한 파티에 참석했다가《캔터베리 이야기》때문에 골머리를 앓고 있던 영문학자를 만납니다. 천체들로 빼곡한 구절을 해석하는 데 애를 먹고 있었던 것이지요.● 올슨은 흔쾌히 그를 돕기로 하고 그 후 20여 년간 예술 작품 속을 헤매는 탐정으로 맹활약을 펼칩니다.

고흐가 스스로 목숨을 끊기 전까지 오베르쉬르우아즈에서 지내며 그린 70여 점의 작품 중 하나인〈밤의 하얀 집White House at Night〉 속 천체가 금성이라는 사실을 비롯하여 고흐의 수많은 작품 속에서 밝게 빛나고 있는 천체들의 비밀을 밝혀내었습니다.

고흐와 함께 인상파 화가였던 클로드 모네Claude Monet의 그림〈인상, 해돋이Impression, Soleil Levant〉에서 바다 위로 해가 떠오르던 시각을 포착하기도 했고요. 1872년 11월 13일 아침 7시 35분, 모네는 르아브르 항구에서 해돋이를 보고 있었습니다.

과학과 예술이 만나 새롭고 흥미진진한 이야기를 들려줄 뿐만 아니라, 그간 어둠 속에 가려져 있던 수수께끼의 실마리를 제공함으로써 과학이 인류 문화사에 도움이 될 수도 있음을 올슨의 연구는 생생하게 보여 줍니다. 게다가 그의 작업들을 통해 예술가들이 자연을 포착하는 데 누구보다 뛰어난 눈과 손을 지닌 사람들이라는 사실이 다시 한 번 드러났음은 물론입니다.

최근에는〈종전의 키스V-J Day in Times Square〉라는 제목으로 유명한

● 지오프리 초서는 당시 별과 행성의 위치 등을 표기하여 절기와 계절 변화를 측정하던 천문 관측 기구인 아스트롤라베(astrolabe)에 관해 보고서를 썼을 정도로 밤하늘에 관심이 많았다고 합니다.

사진의 실제 촬영 시각을 밝혀내기도 했습니다. 1945년 8월 14일,
종전 소식을 들은 한 수병이 뉴욕 타임스 스퀘어에서 길을 가던 간
호사를 붙잡아 키스하는 장면을 담았다는 이 사진은 20세기를 대표
하는 사진으로 꼽힌 만큼 널리 알려졌고, 그 때문에 자신이 사진 속

인물이라 주장하는 사람들도 많았습니다. 사진작가인 알프레트 아이젠슈테트Alfred Eisenstaedt가 그 인물들이 누구인지, 촬영 시각이 언제인지 남겨 두지 않았기에 벌어진 일이지요.

수십 년이 흐르며 각기 여성 둘과 남성 둘로 후보자가 좁혀지기는 했습니다. 그중에서도 사진이 촬영되던 당시 치과 보조사였던 그레타 짐머Greta Zimmer와 수병이었던 조지 멘돈사George Mendonsa가 제일 유력한 후보였습니다. 두 사람은 8월 14일 오후 2시경 타임스 스퀘어를 지나던 도중 사진이 찍혔다고 밝히기도 했습니다. 하지만 올슨과 연구팀이 동일한 날 찍힌 다른 수많은 사진과 함께 사진 속 건물에 드리운 그림자 등을 가지고 계산해 본 결과, 〈종전의 키스〉가 찍힌 시각은 1945년 8월 14일 오후 5시 51분이었습니다. 그레타 짐머와 조지 멘돈사가 사진 속 인물일 수는 없었던 것입니다.

2016년 9월, 네 명의 후보자 중 마지막으로 살아남아 있던 그레타 짐머마저 사망했습니다. 사진작가도, 사진 속 인물도 없는 지금, 정확한 사실을 확인할 길은 없습니다. 그래도 다행한 점은 우리에게는 비밀의 실체에 좀 더 가까이 다가갈 수 있는 도구, 즉 과학이 있다는 것입니다. 앞으로 법의천문학이 얼마나 더 많은 비밀을 파헤쳐 흥미로운 사실을 밝혀낼지, 기대가 됩니다.

최초의 반려 고양이

고양이는 개와 함께 가장 사랑 받는 반려동물입니다. 영국에서는 네 집 건너 한 집이, 미국에서는 세 집 건너 한 집이 고양이를 기르는 것으로 나타났습니다. 우리나라에서도 고양이를 가족으로 맞이하는 집이 최근 들어 많이 늘어나면서 고양이만 기르는 집은 전체의 2.7퍼센트, 고양이와 다른 반려동물을 같이 기르는 집은 2.5퍼센트를 차지했습니다. 개만 기르는 가구(16.6퍼센트)에 비하면 아직은 적은 편이지만 지난 3년 사이 60퍼센트 이상 늘었다고 하니, 언젠가는 최고의 반려동물로 개와 어깨를 나란히 하는 날이 올지도 모르겠습니다.

고양이는 매우 독립적이고 쉽게 길들여지지 않는다는 점에서 반

최초의 반려 고양이는 어떤 녀석이었을까요?
무슨 이유로 인간 곁에 머물게 되었을까요?

×10

려동물로서는 독특한 위치를 차지하고 있습니다. 인간과 맺는 관계 또한 특별해서 사람들은 오랫동안 고양이가 언제, 어떻게 지금처럼 인간 사회로 들어오게 되었는지 무척 궁금해 했습니다. 최초의 반려 고양이는 어떤 녀석이었을까요? 무슨 이유로 인간 곁에 머물게 되었을까요?

2001년, 지중해 동부에 위치한 섬나라 키프로스에서 고양이 유골이 발굴되었습니다. 서른 살 된 한 남자의 무덤 속에 다른 부장품들과 함께 묻혀 있었지요. 광택 나는 석기나 손도끼 등으로 미루어 무덤 주인은 사회적 지위가 높은 인물로 추정되었고, 아마도 남자가 사망하면서 8개월 된 고양이 또한 죽임을 당해 같이 묻힌 듯했습니다. 당시 키프로스에는 토착 고양이가 없었습니다. 누군가 이 고양이를 섬나라로 데려왔던 것이지요. 사람 무덤 속에 고양이 유골이 온전한 형태로 남아 있다는 사실은 이 고양이가 살아생전에 무덤의 주인과 특별한 관계에 있었음을 뜻합니다. 9,500년 된 이 고양이가 반려 고양이의 시초가 아닐까 사람들은 추정하고 있습니다.

그렇다면 고양이가 인간 사회에 들어오게 된 과정은 어떨까요? 사냥의 달인이자 혼자서도 잘 지내는 독립적인 존재인 고양이가 인간에게 길들여지게 된 과정 말입니다. 학자들은 1만 5000년 전에서 1만 년 전 사이, 수렵 채집 시대에서 농경 시대로 넘어오면서 야생 고양이가 사람들의 거주지로 접근해 왔을 것으로 생각하고 있습니다. 농사를 짓고 곡물을 저장하기 시작하자 먼저 쥐가 모여 들었습니다. 마을 근처에 넘쳐 나는 쥐들을 잡아먹으려 고양이들이 서서히 다가왔고요.

실제로 중국의 콴후쿤Quanhucun이라는 옛 인간 정착지에서 발견된 고양이 뼈를 동위원소 측정해 본 결과, 당시 고양이들이 수수를 주식으로 했다는 사실이 드러났습니다. 주요 농작물이던 수수를 먹고 살던 쥐들을 잡아먹었다는 얘기지요.

뛰어난 사냥 능력을 자랑하는 고양이는 곡식을 축내는 골칫거리 쥐들을 깡그리 없애 주었기에 사람들에게 많은 사랑을 받았을 겁니다. 그렇게 오랫동안 최고의 사냥꾼으로 인간 주변을 맴돌다 19세기 말에 이르러 인간 사회 안으로 완전히 들어오게 되었습니다. 동반자라는 새로운 가치를 인정받고 말이지요.

타이타닉호의 깃털

1912년 4월 14일, 타이타닉호는 북대서양의 어두운 밤바다를 가르고 있었습니다. 10일 낮, 승객과 승무원 포함 3,000여 명을 태운 채 영국 사우스햄프턴 항을 출발해 뉴욕을 향하고 있던 타이타닉호 앞에 갑자기 거대한 빙산이 나타난 시각은 밤 11시 40분. "오른쪽에 빙산이다!"라는 누군가의 외침도 잠시, 급하게 배를 틀었지만 결국 빙산에 부딪혔고 그로부터 세 시간이 채 못 돼 타이타닉호는 차가운 밤바다 속으로 가라앉고 말았습니다.

20세기 최악의 대형 참사, 대재앙으로 불리는 만큼 타이타닉호는 숱한 화제를 몰고 왔습니다. 총 길이 270미터에 무게 약 4만 6천 톤의 당시 세계 최고 규모 선박이 어떻게 그렇게 갑자기, 순식간에 침몰

하고 말았는지 하는 사고 과정을 둘러싼 미스터리에서부터 승선하고 있던 한 사람 한 사람의 이야기, 초호화 유람선이라는 이름에 걸맞는 호사스러운 내부 편의 시설에 이르기까지, 한 세기를 넘긴 지금까지도 끊임없이 사람들의 관심을 불러일으키고 있지요.

1985년, 심해 4,000미터 아래에서 두 동강 난 채 가라앉아 있는 선체가 발견되고서는 당시 타이타닉호에 선적되었던 물품들이 다시금 주목 받기도 했습니다. 현재까지 남아 있는 화물 목록을 보면 감자나 버섯, 멜론 같은 식료품과 치약, 지팡이, 책 등 다양한 공산품이 당시 금액으로 42만 달러, 오늘날의 화폐 가치로는 9500만 달

러어치 실려 있었습니다. 대서양을 건너 배달되는 물건이었던 만큼 귀중품도 포함돼 있었는데요, 놀랍게도 그중 가장 비싼 물품은 깃털이었습니다. 뉴욕의 한 제조상에게로 전달될 예정이었던 40상자의 최상급 깃털은 오늘날의 금액으로 230만 달러에 달하는 보험에 가입되어 있었다고 합니다.

무게당 값어치로 당시 이보다 비싼 물건은 다이아몬드밖에 없다고 할 정도로 20세기 초반 깃털은 매우 고가의 상품으로 거래되고 있었습니다. 도대체 어떤 깃털이었기에 그토록 비싼 대우를 받고 있었던 걸까요? 그 값비싼 깃털을 40상자씩이나 가져다가 사람들은 무엇을 만들려고 했을까요?

깃털이 우리 인류의 삶 속으로 들어온 것은 꽤 오래전 일입니다. 속이 빈 대(깃)의 끝을 날카롭게 다듬어 글을 쓰는 데 사용했던 깃펜은 6세기 말경 역사 속 기록에 처음으로 등장했습니다. 주로 거위나 까마귀의 깃털로 만든 깃펜●은 정교한 필체를 자랑하여 19세기 접어들어 만년필이 발명되기까지 주요 필기도구로 사랑 받았지요. 최근 한창 인기를 끌고 있는 구스다운goose down이나 덕다운duck down 제품들에서 알 수 있듯, 새들의 솜털down이나 깃털 아래 자라는 잔털들은 가볍고 보온성이 좋아 예전부터 방한용 의류나 이불 등으로 널리 애용되었고요. 이밖에도 낚시용 미끼, 화살 등 여러 용도로 깃털이 사용돼 왔습니다.

● 깃펜은 살아 있는 새에서 뽑은 깃털로만 만들었다고 합니다. 새 한 마리당 10개 정도의 깃펜을 생산할 수 있었다고 하고요.

주로 거위나 까마귀의 깃털로 만든 깃펜은
정교한 필체를 자랑하여 19세기 접어들어 만년필이
발명되기까지 주요 필기도구로 사랑 받았습니다.

×10

하지만 타이타닉호에 실린 깃털은 달랐습니다. 새가 자신들의 미래 배우자에게 뽐내고자 혹은 효과적인 의사소통을 위해 오랜 시간에 걸쳐 진화시켜 온 다채롭고 화려한 깃털들에 언제부터인가 사람들이 매료되었습니다. 깃털을 욕망하는 사람들이 점차 늘면서 패션업계에서는 자연에 존재하는 아름다운 깃털들을 닥치는 대로 수집하여 모자, 목도리, 부채, 브로치 등 각종 장식품을 만들기 시작했고요. 타이타닉호가 침몰된 1912년은 이런 장식용 깃털의 인기가 최고조에 달한 해였습니다.

한 패션 잡지가 "요즘 잘 차려입은 여성들은 둥지에서 갓 나온 새처럼 푹신한 솜털로 뒤덮여 있다."고 감탄했을 정도로 1912년의 런던이나 파리, 뉴욕 등 대도시에서는 깃털로 한껏 치장한 여성들을 흔히 볼 수 있었습니다. 깃털 장식에 사용되는 새의 종류도 다양해서 뉴욕 시내의 공원에만 들어가도 볼 수 있는 논병아리와 딱새, 딱따구리 등 토종 새 수십 종을 포함하여 뉴기니 섬의 극락조, 트리니다드 섬의 벌새, 포클랜드의 제비갈매기, 남아프리카 공화국의 타조에 이르는 온갖 이국적인 새들까지, 도심지 거리거리가 거대한 새장을 방불케 했다고 하지요. 특히 사교계에서 사치품으로 각광받고 있던 바바리타조Barbary ostrich 깃털[*]이 뉴욕의 한 모자 가게에 공수되었다는 소식이 전해지자 멋 좀 부린다는 여성들이 대거 몰려들었다는 일화는 당시 깃털의 인기를 짐작하게 합니다. 영국을 떠나 뉴욕으로 향하고 있던 타이타닉호에 실린 최상급 깃털들의 최종 목적지도 바로 이 같은 뉴욕의 모자 제조상이었고요.**

깃털의 인기는 쉬이 수그러들지 않았습니다. 국제 교역의 확대와 맞물려 19세기 후반부터 이어진 깃털의 황금기는 에드워드 시대를 지나 50여 년간이나 계속되었습니다. 박제된 새 한 마리를 통째 모자에 붙이고 다니는 게 유행한 때도 있었을 만큼 깃털을 향한 인간의 뒤틀리고 끝없는 욕망은 결국 그 기간 동안 수많은 새를 지구상에서 사라지게 만들었습니다. 마구잡이식 사냥으로 야생 새의 개체수가 급감하고 백로를 비롯한 일부 종들은 멸종 위기에까지 처한데 분노한 조류학자와 일반 시민들이 앞장서서 야생 조류 및 깃털의 거래를 금지하는 법안을 통과시켰던 것은 그나마 다행한 일이었습니다. 그리고 제1차 세계 대전의 발발과 함께 보다 단순하고 실용적인 의복을 추구하는, 패션계에 새로운 바람이 불면서 마침내 깃털 황금기는 종지부를 찍게 되지요.

빨주노초파남보의 일곱 빛깔 무지개 색을 넘어서는 다채로운 색상, 빛이 비치는 각도에 따라 서로 다른 신비로운 분위기를 풍기는 금속성 광택, 훅 불면 금세 날아가는 자그마한 솜털에서 길이

• 깃털이 풍성하고 윤기가 흐르는데다, 봄여름에만 유행하는 야생종의 깃털(일명 '팬시 깃털')과 달리 계절을 타지 않는 타조 깃털은 최고의 패션 아이템으로 세계 깃털 산업을 주름 잡았습니다. 그중에서도 아프리카 북부 어딘가에서 자생하고 있는 것으로만 알려진 신비의 새, 바바리타조 깃털은 상류사회 인사들 사이에서 큰 인기를 끌었고요.

•• 파리와 뉴욕이 깃털 가공과 장신구 제작의 중심지였다면, 런던은 깃털 무역의 전 세계적 중심지였습니다.

10미터에 이르는 단단한 깃대를 지닌 번식깃에 이르기까지 그 형태와 종류도 다양한 깃털에, 몸 전체가 (털도 없고 색깔도) 밋밋한 우리 인간이 마음을 빼앗겼던 것은 당연한 일인지도 모르겠습니다. 하지만 애초에 내 것이 아닌 것을 욕망한 대가는 너무나도 비쌌습니다. 한때 뉴질랜드에 서식했던 후이아huia와 미국의 캐롤라이나잉꼬

Aigle
Hibou
Goura
Argus
Autruche
Oiseau de Paradis
Paon
Paon
Paon spicifère
Canard mandarin
Ménure-lyre
Grue couronnée
Eperonnier
Roi des Gobe-mouches
Lophophore
Crossette
Dindon ocellé
Casoar à casque
Momot
Ptéridophore
Cacatoès
Pintade
Coq de roche
O.m. paon
Pipra
Manucode
Grèbe
Colin
Trichoglosse
O.m. magnifique
Faisan doré
O.m. Sapho
O.m. bleu
Juida
Coq de Sonnerat
Aigrette
O.m. Bonaparte
O.m. Clarisse
Calliste
Faisan vénéré
Coroucou
Brève
Guit-guit
Calliste
Manakin

Carolina Parakeet 같은 아름다운 새들을 이제는 더 이상 지구상에서 볼 수 없게 되었으니 말입니다. 마치 초호화 유람선을 꿈꾸며 야심차게 건조했던 타이타닉호가 맞이했던 운명처럼 말이지요.

코페르니쿠스, 여기에 잠들다!

1543년, 인류의 지식 역사뿐만 아니라 온 우주의 역사를 송두리째 뒤흔들 책 한 권이 출간됩니다. 1,000여 년 동안 수많은 학자가 확고한 진리로 믿어 의심치 않았던 천동설을 뒤집어엎는 충격적인 내용을 담은 책, 니콜라우스 코페르니쿠스Nicolaus Copernicus의 《천체의 회전에 관하여De revolutionibus orbium coelestium》입니다.

2세기 알렉산드리아에서 활동했던 위대한 천문학자 프톨레마이오스Ptolemaios에 의해 확립된 천동설은 지구가 우주의 중심, 곧 세계의 중심에 고정돼 있으며 태양을 비롯한 다른 천체들이 지구 주위를 원을 그리며 공전한다는 우주관이었습니다. '지구 중심설'이라고도 불리는 천동설은 프톨레마이오스가 쓴 책 《알마게스트Almagest》

우주의 중심을 획기적으로 바꾼
지동설의 등장으로 천문학뿐만 아니라
과학 전체가 새로운 전환기를
맞이하게 되었습니다.

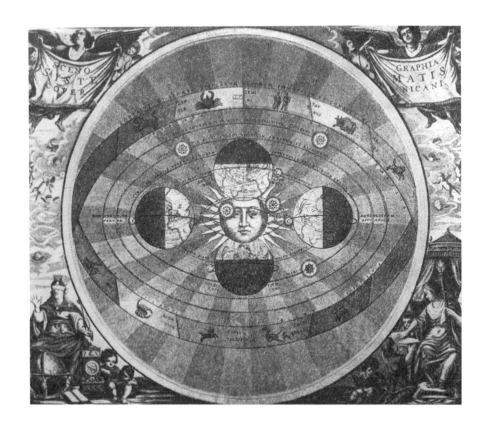

와 함께 고대 천문학을 대표하는 아주 중요한 업적이었지요. 수세기 동안 사람들은 아무런 의심 없이 천동설을 믿고 따랐습니다. 지구가 움직이지 않고 고정돼 있다는 것은 진리이자 상식이었습니다. 만일 지구가 움직인다면 지구 위에 발을 딛고 서 있는 우리 인간이 어지러움을 느끼지 않는 게 이상한 일일 테니까요.

하지만 16세기 중반, 모두가 믿고 있던 천동설을 부정하고, 지구가 세계의 중심이 아닌 것은 물론 심지어 자전과 공전을 한다는 혁명적인 주장이 등장합니다. 게다가 새로운 우주관은 천체의 운동을 설명하기 위해 너무도 많은 가설을 도입해야 했던 천동설과 달리 훨씬 더 간결하고 아름다운 체계를 갖추고 있었습니다. 우주의 중심을 획기적으로 바꾼 지동설의 등장으로 천문학뿐만 아니라 과학 전체가 새로운 전환기를 맞이하게 되었습니다. 근대 과학 혁명이 시작된 것이지요. 그리고 그 중심에 폴란드의 천문학자 코페르니쿠스가 있었습니다.

'코페르니쿠스의 혁명', '코페르니쿠스적 전환'이라는 말이 생겨났을 만큼 인류 역사상 가장 혁명적인 지식을 내놓았던 사람,[•] 감히 우주의 중심에서 지구를 내쫓은 남자, 코페르니쿠스는 그 대단한 명성에 걸맞지 않는 초라한 죽음을 맞았습니다. 이탈리아에서 법률과 의학, 고전, 수학 등 다양한 학문을 섭렵한 후 고향 폴란드로 돌아온 코페르니쿠스는 프롬보르크 성당에서 여러 종교적인 일을 수행하는 참사원으로 일했고 일흔이 되던 해 그곳에서 사망했습니다. 《천체의 회전에 관하여》를 출간한 지 불과 두어 시간 후에 말이지요.

자신이 쓴 책이 이후 세대에 미칠 크나큰 영향, 로마 교황청으로부터 금서 목록에 오를 만큼 종교적 박해를 받으리라는 사실,[••] 요

• '혁명'을 뜻하는 단어인 'revolution'이 코페르니쿠스의 책 제목에 등장하는 'revolutionibus'에서 유래했다고 합니다.

•• 로마 가톨릭에서는 1992년에서야 지동설을 공식적으로 인정했습니다. 코페르니쿠스가 지동설을 발표한 지 400여 년이 흐른 뒤였습니다.

하네스 케플러Johannes Kepler와 아이작 뉴턴Isaac Newton, 갈릴레오 갈릴레이로 이어지는 근대 과학의 문을 활짝 열게 되리라는 사실을 전혀 알지 못한 채, 코페르니쿠스는 다른 하급 사제들과 마찬가지로 묘비 하나 없이 프롬보르크 성당에 묻혔습니다.

지동설이 수정, 보완을 거치며 점차 정교해지고 그 가치가 더욱 빛을 발하게 되면서 코페르니쿠스의 무덤을 찾으려는 사람들이 하나둘 줄을 잇기 시작했습니다. 긴 행렬 속에는 나폴레옹도 있었습니다. 1807년, 나폴레옹은 한 장교에게 코페르니쿠스의 무덤을 찾아오라는 명령을 내리지만 결국에는 아무런 소득 없이 끝이 나고 말았습니다. 그도 그럴 것이, 프롬보르크 성당에는 100여 개의 무덤이 있었고 대부분이 묘비가 없었습니다. 모든 무덤을 헤집을 수도 없는 상황에서 코페르니쿠스의 무덤을 찾아내기란 사막에서 바늘 찾기만큼이나 어려운 일이었지요. 그렇게 그의 무덤은 수백 년 동안 미스터리로 남았습니다.

그러던 2004년, 드디어 폴란드의 과학자들이 코페르니쿠스의 무덤을 찾아 나섰습니다. 비록 무덤의 정확한 위치는 알지 못했지만 코페르니쿠스가 담당했던 성聖 크로스 제단St Cross Altar 부근에 묻히지 않았을까 예상하며 과학자들은 제단 근방을 집중적으로 수색했습니다. 그리고 1년 후 그곳에서 코페르니쿠스의 것으로 짐작되는 유해를 발굴해 냈습니다. 두개골의 부러진 코나 손상된 이마 등이

인류 역사상 가장 혁명적인 지식을 내놓았던 사람, 코페르니쿠스. 그는 대단한 명성에 걸맞지 않는 초라한 죽음을 맞았습니다.

살아생전 코페르니쿠스의 모습을 기록한 내용과 일치했습니다.

그러나 유골의 형태만으로 무덤의 주인이 코페르니쿠스라고 단정 지을 수는 없었습니다. 혈연관계에 있는 누군가와 DNA를 비교해 유전자를 확인하는 과정이 반드시 필요했지요. 문제는 코페르니쿠스가 워낙 오래전 인물인데다 자손을 두지 않았기에 그의 후손들을 찾을 수가 없다는 점이었습니다. 다행히 유골의 치아가 오랜 세월을 거친 와중에도 잘 보존이 되어 있었기에 치아로부터 DNA는 검출해 낼 수 있었습니다. 그렇다면, 이제 이 DNA를 누구의 것, 혹은 무엇과 비교해 DNA의 주인이 코페르니쿠스인지 아닌지를 알아낼 수 있을까요? 후손을 영영 찾아내지 못한다면 결국 코페르니쿠스의 무덤을 밝히는 일은 또다시 실패하고 마는 것일까요?

여기서 과학자들은 '코페르니쿠스적 전환', 즉 획기적인 아이디어를 떠올렸습니다. 코페르니쿠스가 살아생전 곁에 두고 있던 물건들 속에서 그의 흔적을 찾아내기로 한 것입니다. '혈연관계의 누군가와 유전자를 확인할 수 없다면, 다른 어디엔가 코페르니쿠스가 남겼을 유전자를 찾아 직접 유골과 비교해 보자.'라는 생각을 한 것이지요. 사건 현장 근처에 떨어진 지갑이나 옷가지들에 묻은 유전자를 분석해 피해자의 소지품인지를 확인하는 요즘의 수사 기법을, 발상의 전환을 통해 거꾸로 적용한 셈입니다. 만일 코페르니쿠스가 지녔던 물건에서 그의 흔적이 발견된다면, 그리고 거기서 검출한 유전자를

유골의 DNA와 비교했을 때 둘이 일치한다면, 성 크로스 제단 부근에서 발굴된 유해는 코페르니쿠스로 확신할 수 있습니다.

폴란드 과학자들에 이어 이번에는 스웨덴 과학자들이 팔을 걷어붙이고 나섰습니다. 17세기 중반 스웨덴이 폴란드를 침공하며 전리품으로 가져온 물품들 중 웁살라 대학교의 한 박물관에 소장돼 있는 코페르니쿠스의 책들을 샅샅이 뒤졌습니다. 그리고 코페르니쿠스가 수년간 별들을 관찰하며 참고한 독일 천문학자 요하네스 슈

트플러Johannes Stoeffler의 책, 《칼렌다리룸 로마눔 마그눔Calendarium Romanum Magnum》 속에서 깊숙이 감춰져 있던 아홉 가닥의 머리카락을 찾아내기에 이르지요.

그중 네 가닥이 상세한 DNA 분석에 들어갔고 드디어 지난 2009년, 머리카락 두 가닥의 DNA가 유골의 치아에서 검출한 DNA와 일치하는 것으로 밝혀졌습니다. 과학자들의 끈질긴 노력과 법의유전학forensic genetics이라는 새로운 과학의 도움으로, 몇 백 년 동안 그토록 많은 사람들이 찾아 헤맨 코페르니쿠스의 시신이 드디어, 세상에 모습을 드러내는 역사적인 순간이었습니다.

심리학, 시간을 거꾸로 돌리다

한적한 시골 도로 위를 버스 한 대가 달리고 있습니다. 버스 안에서는 냇 킹 콜, 행크 윌리엄스, 조니 레이 등 1950년대 인기 가수들이 부르는 노래가 흘러나옵니다. 두 시간여를 달린 끝에 버스는 목적지인 뉴햄프셔 주 피터버러의 낡은 수도원에 도착합니다. 문이 열리고 각자 짐을 챙긴 승객들이 분주하게 버스에서 내립니다. 하나, 둘, 셋, 넷, 다섯, 여섯, 일곱, 여덟. 승객은 모두 여덟 명. 특이하게도 여덟 명 모두 노인, 그것도 70대 후반에서 80대 초반의 남성들이었습니다.

인기척이라고는 없는 이 외딴 시골 마을에서 여덟 명의 남성은 일주일을 보낼 예정입니다. 마치 타임머신을 타고 과거로 되돌아

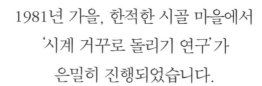

1981년 가을, 한적한 시골 마을에서
'시계 거꾸로 돌리기 연구'가
은밀히 진행되었습니다.

×10

간 듯 1950년대 풍경으로 꾸며진 집에서, 1950년대에 텔레비전에서 방영된 뉴스와 드라마, 토크쇼를 보고, 1950년대에 벌어졌던 사건, 사고를 이야기하며 지내기로 말이지요. 소지품이나 옷가지도 낡고 오래된 것으로 가져와야 했습니다. '현재'를 나타낼 수 있는 물품들이어선 안 되었죠. 그렇게 과거를 단지 회상하는 게 아니라 정말로 과거로 돌아간 양, 지금이 1950년대인 것처럼 일주일을 지냈습니다.

시간을 거꾸로 되돌린 일주일 동안 그곳에서는 어떤 일이 일어났을까요? 노화와 함께 찾아온 무기력함으로 매일 매일 그저 시간을 흘려보내고만 있었던 여덟 명의 노인에게 무슨 변화라도 생겼을까요?

1981년 가을, 한적한 시골 마을에서 은밀히 진행된 이 연구는 후일 '시계 거꾸로 돌리기 연구Counterclockwise study'라는 이름으로 널리 알려지게 된 심리 실험입니다. 실험을 기획하고 진행했던 젊은 심리학자 엘런 랭어Ellen Langer 박사는 마치 20년 전으로 돌아간 듯 마음의 시계를 거꾸로 돌림으로써 육체의 시간도 되돌릴 수 있으리라 생각했습니다. 1950년대 물건들로 가득한 집에서 1950년대에 나온 잡지와 영화를 보고, 1950년대에 인기 있었던 노래를 들으며, 진짜 1959년도에 와 있는 양 생활하다 보면 노인들의 몸 또한 그때로 돌아간 것처럼 건강을 되찾게 되리라고 말입니다.

핵심은 실험 참가자들이 1959년의 세상 속으로 완전히 빨려 들어가는 데 있었습니다. 당시 일어난 역사적 사건들을 마치 어제오늘 뉴스로 접한 듯이 현재 시제로 얘기해야 했습니다. "작년에 발사된 익스플로러 1호Explorer I 말이야. 크기가 얼마나 되는지 아나?"● "피델 카스트로Fidel Castro가 2월에 쿠바 총리가 되었다는군."●● 당연히 1959년 이후 일들에 대해서는 입 밖에 꺼내선 안 되었지요. 각자의 방 안에는 젊은 시절 사진만이 놓여 있을 뿐 현재의 가족사진도, 그리고 지금의 모습을 비춰 볼 수 있는 자그마한 거울 하나도 없었습니다.

또한 참가자들은 실험이 진행되는 동안 모든 것을 스스로 결정하고 직접 해 나갔습니다. 무엇을 얼마나 먹을지, 요리와 설거지, 청소는 누가 담당할지 등 비교적 단순한 일이었지만 그동안은 가족이나 간병인이 대신 해 준 덕에 본인이 나설 필요가 없었던(또는 나서지 못했던) 일들이었습니다. 하지만 1959년의 세상에선 직접 해결하는 것이 당연했습니다. 그곳에서 그들은 70대도, 80대도 아닌 '아직' 50대였으니까요.

단 일주일간의 실험이었지만 결과는 놀라웠습니다. 1959년의 세상에서 지낸 지 일주일 만에, 노인들은 정말 50대로 되돌아간 것처

● 미국 최초의 인공위성 익스플로러 1호는 1958년 1월에 발사되었습니다. 그보다 몇 개월 전인 1957년 10월과 11월 구(舊)소련에서는 스푸트니크 1호와 2호를 발사하는 데 성공했지요.

●● 쿠바의 정치가이자 혁명가로 1959년부터 1976년까지 쿠바 총리를 지냈습니다.

실험 참가자들은 1959년에 일어난
역사적 사건들을 마치 어제오늘 뉴스로 접한 듯이
현재 시제로 얘기해야 했습니다.

×10

럼 시력과 청력, 이해력, 인지력, 기억력, 악력(쥐는 힘)이 향상되었습니다. 서 있는 자세가 보다 꼿꼿해졌고 걸음걸이도 더 빨라졌으며 식사량도 늘었습니다. 이곳에 오기 전에는 죽을 날이 얼마 남지 않은 것처럼 방안에 틀어박혀 하루하루를 무기력하게만 지내던 사람들이 자신감 있게 대화를 이끌고 게임에 참여하며 활기를 되찾았습니다.

체력도 좋아져서 실험 마지막 날에는 참가자 전원이 연구원들과 함께 미식축구 경기를 벌일 정도가 되었습니다. 늘 지팡이에 의지해 걷던 한 노인은 실험이 끝난 후에는 지팡이를 내던져 버렸다고 하고요. 불과 일주일, 낯선 사람들과 낯선 장소에서 단 일주일을 보낸 결과였습니다.

나이는 시간에 따라 변화하는 자연스러운 현상이지만 그와 동시에 사회적으로 구성되는 것이기도 합니다. 우리는 모두 나이에 대해 고정관념을 갖고 있습니다. 특정 나이에 걸맞은 '나이'다운 행동이 있다고 생각하지요. 특히 일정 연령을 넘어서 노화의 단계로 접어들면 부정적인 고정관념들로 가득해집니다. 노화가 곧 육체적, 정신적 쇠락을 의미한다는 우리의 부정적 기대는 노인들을 대하는 우리의 태도뿐 아니라 노인들 스스로에게도 영향을 미쳐 보이지 않는 울타리 속에 그들을 가두어 버립니다.

"당신이 마음을 어디에 두든 몸은 따라갈 것이다." 랭어 박사의 이

말은 한 기업의 광고 카피로 한동안 유행한 다음 문장으로 바꿀 수도 있겠습니다. "나이는 숫자에 불과하다." 1981년 어느 가을날, 생각의 타임머신을 타고 과거로 돌아가 일주일을 지냈던 여덟 명의 사람을 통해, 나이 듦으로 인해 생겨나는 육체적, 정신적 변화들보다 더 큰 문제는 나이 듦에 대처하는 우리의 마음인지도 모르겠다는 생각을 해 봅니다.

channel **03.**

앞치마를
두르는 시간

요리 혁명

"무엇을 먹는지 말해 달라. 그러면 당신이 어떤 사람인지 말해 주겠다."

— 장 앙텔므 브리야사바랭

요리가 대세입니다. 한때 '맛집'을 찾아 전국 방방곡곡을 떠돌던 텔레비전 프로그램들이 이제는 스튜디오 안에서 요리를 직접 선보입니다. 유명 연예인의 냉장고를 통째 가져다가 냉장고 안에 들어 있는 재료들로만, 그것도 단 15분 안에 근사한 음식을 만들고(《냉장고를 부탁해》), 수십 년간 한 종류의 요리에만 매진해 온 지역 명인들이 맛 평가단 앞에서 갈고닦은 손맛을 뽐냅니다(《3대 천왕》). 세계의

음식을 만들어 먹는 행위 자체는
인류 역사 전체를 통틀어
늘 중요한 문제였습니다.

다양한 요리를 내 손으로 직접 해 먹을 수 있는 각종 조리법들이 블로그마다 가득하고, 요리를 통해 인류 역사와 문화를 되새겨 보는 책들이 베스트셀러 자리에 올라 있습니다. '먹방'에 이은 '쿡방'*까지, 요리는 전성기를 누리고 있습니다.

오늘날 요리가 그 어느 때보다 문화적 인기를 얻고 있지만, 음식을 만들어 먹는 행위 자체는 인류 역사 전체를 통틀어 늘 중요한 문제였습니다. 살아가는 데 필요한 에너지를 충분히, 효율적으로 얻기 위해 우리는 늘 무엇을 어떻게 먹을 것인가를 고민했습니다. 생명을 위협할 수도 있는 나쁜 먹을거리를 피하는 안목과 기술을 연마해 왔음은 물론입니다. 먹을거리가 풍족해지면서는 보다 특별한 음식을 찾아 도전을 일삼는 사람들도 생겨났습니다. 요리 대세에 힘입어 요리사가 사람들이 가장 선망하는 직업으로 떠올랐지만 우리 인간이 요리사가 아니었던 적은 없었습니다.

삶과 죽음을 가르는 중요한 부분이었던 만큼 요리는 인류를 직접적으로 변화시키는 데 영향력을 발휘해 왔습니다. 어른들이 "요즘 애들은 무얼 먹는지, 정말 우리 때와는 달라."라고 하시는 말씀 속에 담긴 의미보다 훨씬 더 크고 깊게 말이지요. 요리가 인류에게 가져온 혁명적인 변화는 불과 함께 요리가 탄생했던 그 순간에 찾아왔습니다. 우리의 머나먼 선조 중 누군가가 우연히 모닥불에 떨어뜨린 고기를 맛본 그때, 요리 혁명은 시작되었습니다.

---

*   '먹방'은 '먹다'와 '방송'이 합쳐진 말이며 '쿡방'은 '요리하다'는 뜻의 영어 'Cook'과 '방송'이 합쳐진 말입니다.

요리가 인류에게 가져온 혁명적인 변화는
불과 함께 요리가 탄생했던
그 순간에 찾아왔습니다.

불에 익히면 많은 것이 달라집니다. 먼저 맛이 좋아집니다. 쓴맛과 떫은맛은 덜해지고 단맛은 더해지지요. 그리고 음식이 부드러워집니다. 부드러울수록 입안에서 더 빨리 씹어 넘길 수 있습니다. 소화관 안에서도 더 빠르게, 완전하게 소화가 이루어집니다. 날고기는 어떨까요? 육회처럼 얇게 썬 경우가 아니고서는 씹는 것조차 힘듭니다.

실제로 인간과 가장 가까운 동물이자 역시 인간과 마찬가지로 고기를 좋아하는 침팬지는 날고기를 씹는 데 시간이 오래 걸리는 탓에 고기를 먹을 수 있는 기회가 와도 포기하곤 합니다. 0.3킬로그램 정도의 고기를 씹는 데만도 한 시간이 걸린다고 하지요. 고기를 한두 시간 열심히 씹다가 뱉어 버리고 과일 같은 다른 음식을 먹거나, 야생에서는 기껏 사냥한 원숭이를 부드러운 내장만 먹고 버려두기도 합니다. 소화도 잘되질 않아서 대변에서 작은 고깃덩어리들이 그대로 나오는 일도 있다고요. 한때 게임 캐릭터로 이름을 날리기도 했던 개복치처럼 피부가 두껍고 질긴 바다 생물들이 먹잇감으로는 기피 대상이 되곤 한다는 사실에서도 부드러움이 먹을거리의 중요한 요건임을 알 수 있습니다.

음식을 빨리 소화시킬수록 대사에 드는 에너지는 줄어듭니다. 같은 양이라도 익힌 음식은 에너지 효율이 높은 것이지요. 송아지나 새끼 돼지 같은 가축의 경우 익힌 사료를 먹었을 때 더 빨리 자랍니다. 양식하는 물고기들도 마찬가지고요. 음식을 불에 익혀 먹음으로써 인류 또한 소화에 드는 에너지를 절약할 수 있었습니다. 더 적은 시간을 들여 필요한 양의 에너지를 얻을 수 있게 되었습니다.

소화하는 데 쓰는 시간과 에너지가 줄어들면서 인체 기관도 새로운 국면을 맞이했습니다. 익힌 음식에 적응하면서 입에서 치아, 위장과 결장에 이르는 전체 소화관의 크기가 작아졌습니다. 우리 인간의 소화 기관이 얼마나 작은지는 다른 동물과 비교해 보면 확실히 알 수 있습니다. 인간처럼 몸집에 비해 입이 작은 영장류는 몸무게가 1.4킬로그램밖에 되지 않는 다람쥐원숭이 정도입니다. 침팬지는 음식을 먹을 때 인간보다 두 배 정도 크게 입을 벌릴 수 있습니다. 인간은, 씹는 치아인 어금니도 신체 크기와 비교했을 때 영장류 중에서 가장 작으며, 위 표면적은 몸무게가 비슷한 다른 포유동물의 3분의 1 정도밖에 되지 않습니다. 소화관 전체 무게는 같은 몸무게를 지닌 영장류의 60퍼센트에 불과하고요.

불로 요리한 부드러운 음식을 먹게 됨으로써 우리 인류는 턱이 약해지고* 씹는 치아인 어금니와 소화관의 크기가 줄어들었습니다. 음식에서 얻는 에너지 효율은 증가했고 소화 기관이 작아지면서 전체 소화 기관에서 사용하는 비용도 절약할 수 있게 되었습니다. 그럼 이렇게 절약한 에너지를 인류는 어떻게 했을까요? '요리 가설 Cooking hypothesis'을 지지하는 학자들은 이 지점에서 우리 인류에게

* 인간의 턱이 약해진 것은 약 250만 년 전, 근단백질인 미오신을 만드는 유전자에 돌연변이가 일어났기 때문이라고 봅니다.

불로 요리한 부드러운 음식을 먹게 됨으로써
우리 인류는 턱이 약해지고 씹는 치아인
어금니와 소화관의 크기가 줄어들었습니다.

×10

가장 중요하고도 가장 큰 변화가 일어났다고 말합니다. 음식을 불로 요리해 먹음으로써 보다 효율적으로 얻게 된 에너지를 우리 인류를 인간이게 만든 기관, 바로 '뇌'를 키우는 데 사용했다고 말이지요.

우리 뇌는 유지비가 많이 드는 값비싼 기관입니다. 다른 어떤 인체 기관보다 에너지를 많이 쓰지요. 무게로 보면 전체 몸의 2.5퍼센트를 차지하고 있을 뿐이지만 기초 대사율 중 20퍼센트를 사용합니다. 골격근skeletal muscle이 쓰는 에너지의 22배에 이릅니다. 에너지 소모율이 높은 다른 조직, 즉 소화 기관이 줄어든 덕분에 많은 양의 에너지가 필요한 큰 뇌가 우리 인간에게서 탄생할 수 있었다고 '요리 가설'은 이야기합니다.

불로 요리하기가 정말로 인류 역사에서 그토록 이른 시기에 널리 퍼져 있었는지에 대해서는 논쟁 중입니다. '요리 가설'은 약 200만 년 전 호모 에렉투스Homo erectus●가 태어나던 시점을 요리 혁명기로 꼽고 있습니다. 하지만 불은 특성상 화석 증거가 발견되기 쉽지 않을뿐더러 인간이 불을 자유자재로 다룰 수 있게 되었다고 해서 반드시 먹을거리를 읽히는 데 불을 사용했다고 볼 수도 없습니다. 물론 다양한 야생 동물과 가축들이 날것보다는 익힌 음식을 선호한다는 보고에서 짐작할 수 있듯 일단 불에 익힌 음식을 맛본 인류는 불로 요리하기에 흠뻑 빠져들었을 것입니다.

실제로 요리가 우리 뇌를 키우는 데 결정적인 역할을 하지 않았

● 호모 에렉투스는 그 전 인류에 비해 두개골 용량이 40퍼센트나 증가했습니다.

다고 하더라도 인간의 많은 부분을 변화시켰다는 것만은 확실합니다. 불로 음식을 요리하면서 신체 기관이 달라졌습니다. 하루 중 절반을 고기를 씹는 데 보내는 다른 유인원들과 달리 먹는 시간이 줄어들면서 먹을거리를 채집하거나 사냥을 하고 휴식을 취하거나 더 멀리 탐험을 나가는 등 하루 일과에도 큰 변화가 찾아왔을 겁니다. 요리는 우리를 보다 풍요롭고 안전한 삶으로 이끌었습니다. 우리는 모두 요리사의 자손들입니다.

이야기의 마법

바스티안은 책을 쳐다보았다.

"알고 싶어."

바스티안은 혼잣말로 중얼거렸다.

"책이 덮여 있는 동안 그 안에서 도대체 무슨 일이 일어나는지 말이야. 물론 그 안에는 종이에 인쇄된 글자들밖에 없지. 하지만 그래도 무슨 일인가 벌어지고 있는 게 틀림없어. 내가 책을 열면 갑자기 온전한 이야기가 펼쳐지니까 말이야. 거기엔 내가 몰랐던 사람들이 있고, 일어날 수 있는 모든 모험과 행동, 싸움이 있지. 그리고 때때로 바다에 폭풍이 일어나기도 하고 낯선 나라와 도시에 가게 되기도 하고. 아무튼 모든 것이 책 안에 있거든. 그걸 경험하려면 책을 읽어야만 해. 그건 확

이야기를 물고 뜯고 맛보고 즐기고 읽는 데에는,
혹시, 이야기에 뭔가 특별한 것이
있어서가 아닐까요?

×10

실해. 대체 어떻게 그럴 수 있는지 알고 싶어."

— 미하엘 엔데, 《끝없는 이야기》

세 살 무렵이 되자 밤낮으로 책을 읽어 달라는 조카 녀석 때문에 언니는 목이 다 쉰다고 했습니다. 잠들기 전 머리맡에서 읽어 줄 책으로 조카가 매 쪽마다 글자가 빽빽이 들어찬 동화라도 고르는 날이면 저 책을 왜 샀을까, 저걸 왜 보이는 곳에 뒀을까, 후회가 밀려온다고도 했습니다. 글이라곤 모르지만 언젠가부터 아이는 책에 빠져들었습니다. 어른들이 읽어 주는 책 속 이야기에 귀 기울이고 자기만의 방식으로 이야기를 변형하거나 지어내기도 했습니다. 꼭 책이 아니라도 할아버지, 할머니가 들려주는 옛날이야기나 텔레비전에서 방영되는 어린이용 만화 영화 등 이야기란 이야기는 모조리 집어삼킬 태세였습니다.

이야기에 탐닉하는 것은 비단 어린아이들만이 아닙니다. 1950년대 일본의 어느 온천장에서 벌어진 살인 사건의 미스터리(소설 《푸른 묘점蒼い描点》)를 풀겠다고 뜬눈으로 밤을 지새우다 이튿날 출근길 전철에서 꾸벅꾸벅 졸기도 하고, 강박증에 걸린 정신과 의사와 안면 홍조를 앓는 대인 기피증 환자의 사랑 이야기(드라마 〈하트투하트〉)에 흠뻑 빠져 황금 같은 주말 저녁을 텔레비전 앞에서 날려 보내기도 합니다. 현실에서 일어날 법하지 않은 일로는 최고봉인, 화성에서 조난당한

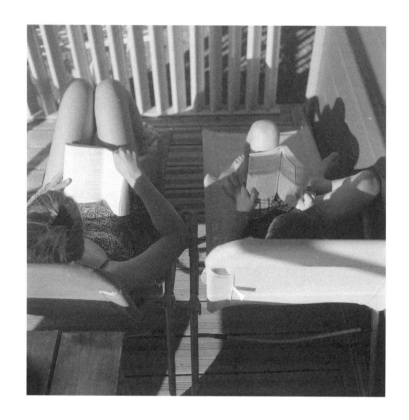

한 남자의 눈물겨운 생존기(영화 〈마션The Martian〉)나 마법사와 엘프,
호빗 등 낯선 존재들이 낯선 공간에서 벌이는 모험기(영화 〈반지의 제
왕The Lord of The Rings〉)를 보러 너도나도 손을 잡고 극장으로 달려가
는 건 또 어떻고요.

　이야기에 대한 탐닉은 인간 보편적인 성향인 듯 보입니다. 나이
가 적건 많건 글을 알건 모르건 남자건 여자건 우리는 이야기를 보

　　　　　　　　　　　　　　사이언스 라디오

고 듣고 읽고 쓰고, 때로는 가공을 해서 퍼뜨립니다. 심지어 문자가 없는 사회에서도 사람들은 구전의 형태로 이야기를 공유하는 것으로 나타났습니다. 달 밝은 밤, 모닥불 주위에 둘러앉아 할머니가 어릴 적 자신의 할머니에게 전해들은 이야기를, 아버지가 이웃 마을에서 수집해 온 이야기를 풀어놓음으로써 말입니다.

이렇게 모두가 이야기를 물고 뜯고 맛보고 즐기고 있는 데에는, 혹시, 이야기에 뭔가 특별한 것이 있어서가 아닐까요? 사실은 "아이고, 쟤가 하라는 공부는 안 하고 책이나 읽고(혹은 텔레비전이나 보고 혹은 인터넷이나 하고) 앉았고."라며 푸념하시는 부모님들의 생각과는 달리, 이야기가 우리 삶에 크나큰 도움을 주고 있었던 것은 아닐까요? 만약 그게 사실이라고 한다면, 우리는 이야기를 즐기는 데서 어떤 이점을 얻고 있는 걸까요?

이야기가 일종의 '놀이'라고 말하는 사람들이 있습니다. 몸으로 부딪치며 즐기는 놀이가 아니라 머리로 빠져드는 '인지 놀이' 말입니다. 놀이는 인간을 포함한 모든 포유류와 대부분의 조류에서 관찰됩니다. 일부 어류와 파충류, 심지어 문어 같은 무척추동물에서도 볼 수가 있지요.

언뜻 보기에는 아무런 쓸모가 없을 것 같은(그냥 시간만 죽이는 것 같은) 놀이가 이토록 동물 사회에 널리 퍼져 있는 데에는 이유가 있었습니다. 또래 동물과의 치명적이지 않은 몸싸움을 통해 도망과

우리는 이야기를 읽는 내내
수십 수백 번 등장인물들의 마음속으로
들어갔다가 나왔다를 반복합니다.

×10

추격, 공격과 방어, 그리고 협력과 같은 사회적 상호 작용들을 미리미리 연습하게끔 하는 것이 바로 놀이라는 행위였던 것입니다. 실제로 더 자주, 더 힘차게 노는 동물일수록 신체 근육이 더 발달하고 기술도 더 다양하게 익힐 수 있습니다. 위험이 닥쳤을 때 살아남을 가능성이 높은 것은 물론이고요. 놀이는 포식자나 경쟁자 등 미래에 맞닥뜨릴 위험에 대비하도록 진화가 정교하게 설계한 적응*적 행동인 셈입니다. 게다가 진화는 영리하게도 '쾌락'이라는 동기 부여 방식을 놀이에다 덧붙임으로써 동물들이 놀이에 빠져들 수밖에 없게끔 만들었습니다.

이야기 또한 이 같은 신체 놀이와 비슷하게 일종의 '가상 놀이'라고 주장하는 사람들이 있습니다. 인간이 복잡다단한 사회를 살아가며 겪게 될 수많은 상황, 수많은 어려움을 이야기 속 등장인물들이 경험하는 것을 통해 미리 가상 체험하도록 한다는 것이지요. 코앞에 닥쳤을 때 해결하려고 들면 이미 늦은 경우들이 있습니다. 갑작스레, 그것도 생전 처음 맞닥뜨린 낯선, 게다가 위험하기까지 한 상황이라면 그 자리에서 두뇌가 마비되어 버릴지도 모르고 말입니다.

● 　적응이란 현대 진화 생물학에서 중요하게 여겨지는 개념 중 하나로 오래도록 지속된 자연선택 작용(진화)으로 생겨난 기능 면에서 효과적인, 즉 생존과 번식에 도움을 주는 무엇을 말합니다. 가까운 예를 들어 보면, 탯줄은 뱃속에 있는 태아에게 영양분을 공급하게끔 정교하게 설계된 적응입니다. 반면 배꼽은 탯줄이 존재하다 보니 부수적으로 생긴 것일 뿐 그 자체로는 아무런 기능을 갖고 있지 않습니다. 태아가 세상 밖으로 나오면 탯줄은 끊어지지요. 이렇게 탯줄이 사라지고 남은 흔적이 바로 배꼽입니다. 그래서 배꼽은 적응이 아니라 부산물(by-product)입니다.

이야기 속에서 펼쳐지는 다양한 상황과, 등장인물들이 자기 앞에 놓인 장애물을 해결하기 위해 고심하고 결국 돌파구를 찾아가는 과정을 가상이지만 머릿속으로 미리 경험해 본다면 실제로 비슷한 상황에 처했을 때 상황을 해석하고 대응하는 능력이 훨씬 나아질 수 있습니다.

또한 이야기는 그 본성상 우리를 자신의 관점에서 다른 사람들의 관점으로 계속 이동하게 하며 타인의 행동에서 믿음과 욕망, 행동의 동기를 추측하게끔 자극합니다. '제인 에어는 왜 손필드 저택으로, 로체스터에게로 다시 돌아오는 걸까?', '햄릿은 무엇 때문에 미친 척하는 것일까? 꼭 그래야만 했을까?'. 우리는 이야기를 읽는 내내 수십 수백 번 등장인물들의 마음속으로 들어갔다가 나왔다를 반복합니다. 자신이 이야기 속 주인공인 양 끊임없이 그들의 관점을 취함으로써 타인과 공감하는 성향이 유발되는 것은 물론 민간 심리folk psychology나 마음 이론theory of mind● 같은 인지 능력이 향상될 수 있습니다. 이러한 고도의 인지 능력은 협력과 경쟁, 서열 및 유대 관계를 포함해 다른 사람들과의 상호 작용이 끊임없이 요구되는 사회적 동물인 우리 인간에게 반드시 필요한 요소지요.

거기에 더해 이야기는 사실에 기반한 유익한 정보들을 풍부하게

● 타인의 욕망이나 동기, 의도를 이해할 수 있게 해 주는 인지 능력을 말합니다. '마음 읽기'라고 표현할 수도 있는데, 이러한 능력이 있기에 인간은 다른 사람의 관점을 헤아릴 수 있습니다. 아이들이 네 살에서 다섯 살이 되면 '마음 이론'을 갖추게 된다고 합니다.

제공하고 속담이나 동화, 우화처럼 사회적 관습을 비롯한 친사회적 가치를 확산하여, 점차 커져 가고 복잡해져만 가는 집단 내에서 우리 인간들이 타인과 어울려 잘 살아갈 수 있도록 도움을 주기도 합니다.

척박했던 과거의 환경에서는 이야기를 짓고 나누는 행위가 먹이를 구한다거나 자식을 돌보는 등의 생존과 번식에 직접적으로 연결되는 다른 행동들에 비해 특히나 호사스러운 행위였을 겁니다. 오늘날에도 여전히 이야기를 즐기고 이야기에 빠져 시간을 보내는 것이 쓸모없는 일이며 그 시간에 다른 생산적인 활동을 해야 한다고 생각하는 사람들은 있으니까요.

하지만 분명 예측하기 힘든 인간의 삶에서 이야기는 장기적으로 큰 도움을 주었고, 그리 하여 진화는 에너지 소모나 부상의 위험은 있되 지금 당장 도움을 주지는 않는 '신체 놀이'와 마찬가지로 이야기에도 '쾌락'이라는 신경생리학적 자기 보상 장치를 달아 주었습니다. 덕분에 우리는 자기도 모르는 새 끊임없이 이야기를 추구하고 밤이 새는 줄도 모르고 이야기에 빠져들게 되었고 말입니다.

공감의 힘

오늘날 우리가 보고 읽는 형태와 같은 책이 등장한 것은 17세기 무렵이었습니다. 요하네스 구텐베르크Johannes Gutenberg에 의해 촉발된 인쇄 혁명으로 보다 빨리, 보다 많이 책을 생산하는 것이 가능해졌습니다. 그 전까지만 해도 일일이 손으로 글씨를 써서 만들어야 했기에 책은 귀족과 지식인만이 손에 쥘 수 있는 고급한 물건이었습니다. 글을 읽을 줄 아는 사람도 소수였고요. 하지만 효율화된 출판 기술을 바탕으로 17세기와 18세기를 지나며 출간되는 책의 종류와 수가 엄청나게 늘었고, 더 많은 사람이 더 많은 읽을거리를 접할 수 있게 되었습니다.

진화심리학자이자 인지과학자 스티븐 핑커Steven Pinker는 우리 인

진화심리학자이자 인지과학자인 스티븐 핑커는
우리 인류에게서 독서 경험이 증가하면서
타인의 생명이나 행복을 존중하는 의식 또한
성장하게 되었다고 말합니다.

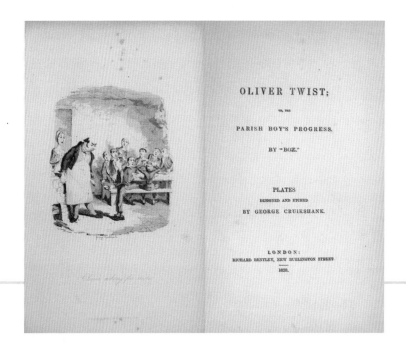

×10

류에게서 이처럼 독서 경험이 증가하면서 타인의 생명이나 행복을 존중하는 의식 또한 성장하게 되었다고 말합니다. 이야기가 지닌 힘, 바로 다른 사람의 관점을 취하는 '마음 읽기' 기술이 공감 능력을 향상시켜 준 덕분으로 인권에 대한 감수성이 자라나게 되었다고 말입니다.

다른 사람의 생각과 감정을 인지하는 것과 실제로 느끼는 것은 물론 다른 문제입니다. 하지만 반복적으로 자신과 다른 처지에 있는 사람의 관점을 취하다 보면 자연스레 그의 마음속으로 들어가 그의 생각과 기쁨과 고통을 함께 느끼는 능력 또한 향상됩니다. 자기 자신밖에 생각 못하던 좁은 시야에서 벗어나 보다 넓은 시야로 세상을 바라보게 되는 것이지요.

실제로 우리 인간은 아무에게나 공감 능력을 발휘하지는 않습니다. 주로 가족이나 친구처럼 가까이 지내는 사람들과 공감하며 그들이 어려움에 처했을 때 도움을 주려 애쓰지요. 공감이 작용하는 범위, 내 주위를 둘러싼 일정 크기의 공감 울타리가 있는 셈입니다. 출판 혁명과 함께 대중 소설처럼 일반인이 손쉽게 읽을 수 있는 책들이 쏟아져 나오고 다양한 주제를 담은 이야기들을 자주 접하게 되면서 사람들은 자기 못지않게 소중하게 여기는 대상의 범위, 즉 공감의 범위를 점차 확장시켜 나아갔습니다.

《톰 아저씨의 오두막Uncle Tom's Cabin》을 읽으며 흑인 노예들이 겪

는 고통을 깨달았으며,《올리버 트위스트Oliver Twist》를 읽으며 고아
원에서 벌어지는 아동 학대의 실상을 알게 되었습니다.《톰 아저씨
의 오두막》은 30만 부 이상이 팔리며 결국 노예 폐지 운동의 기폭제
가 되기도 했지요. 사람들은 책을 통해 다양한 사람들의 삶을 경험
하고 그들이 선 자리에서 함께 세상을 바라보게 되었습니다. 책 속

등장인물들과 같은 감정을 느끼면서 잔인한 처벌과 폭력적 행위 등에 반대하게 되었습니다. 그리고 실제로 인간 사회에 만연해 있는 악습들을 몰아내기 위한 행동을 시작했습니다.

18세기 후반, 계급이나 종교, 인종을 초월하여 모든 인간을 동등하게 놓고 인간의 존엄을 최고의 가치로 여기는 인도주의 혁명이 일어날 수 있었던 데에는 바로 이야기가 가진 힘, 공감하는 능력의 확산이 있었습니다.

포크가 불러온 변화

"이탈리아인 그리고 이탈리아에 거주하는 많은 외국인은 고기를 자를 때 항상 작은 포크를 사용했다. 이 같은 식사 형태는 이탈리아 전역에서 흔히 볼 수 있었다. 포크는 대부분 강철로 제작됐으며 일부 고급 포크는 은도금을 했다. 하지만 은 포크는 주로 귀족들 사이에서만 사용됐다. 이탈리아에 거주하는 이들이 포크에 관심을 갖게 된 이유를 살펴보니, 아마도 손을 항상 깨끗하게 유지할 수 없었던 까닭에 손으로 음식 만지는 것을 더는 두고 볼 수 없어서 그런 것 같다."

― 토머스 코리얏, 《코리얏의 생채소 요리: 프랑스와 이탈리아 외
기타 지역을 5개월 동안 여행하며 맛본 음식 탐방기》

요리의 역사는 기술의 역사와 함께합니다. 부엌을 한 번 둘러보세요. 가스불과 오븐, 전자레인지, 냉장고, 전기밥솥, 믹서 등등 최첨단 기기들로 가득합니다. 도구는 또 어떻고요. 주방 칼과 국자, 집게, 강판에서부터 숟가락이나 젓가락, 포크, 나이프 등 음식을 조리하고 먹는 데 사용하는 도구들 또한 요리와 역사를 함께했습니다. 짧게는 몇 백 년에서 길게는 몇 백만 년의 역사를 지닌 이 도구들은 인류가 무엇을, 어떻게 먹을 것인가 하는 데 큰 영향을 끼치며 우리의 식탁을 보다 풍성하게 만들어 주었지요. 또한 불로 먹을거리를 익히는 행위가 불러일으킨 요리 혁명의 뒤를 이어 인류의 먹는 행위를 보다 정교하게 다듬고 우리 인류 자체의 변화에도 한 역할을 했습니다.

우리는 위 앞니가 아래 앞니보다 살짝 앞으로 튀어나와 앞니를 덮는 형태를 이상적인 치아 교합으로 생각합니다. 피개교합^{被蓋咬合,} overbite이라 부르는 이 교합의 반대쪽에는 위 앞니가 아래 앞니와 딱 맞물리는 절단교합이 있습니다. 침팬지 등의 영장류에서 흔히 볼 수 있지요. 치과 교정 기술이 발달하면서 절단교합을 지닌 사람들이 피개교합으로 바꾸는 일이 흔해졌습니다. 흥미로운 사실은 피개교합이 우리 인류에게서 비교적 최근에 나타난 특징이라는 것입니다.

서양에서 피개교합이 '정상'적인 상태가 된 것은 불과 200~250년 전이었습니다. 그 전에는 다른 영장류와 마찬가지로 절단교합이 대

부분이었지요. 무엇이 우리의 치아를 이런 모습으로 바꾸었을까요? 인류학자들은 식탁 위에 포크와 나이프가 도입된 시기가 피개교합이 나타난 시기와 일치하는 데 주목했습니다.

앞니는 주로 음식을 무는 데 쓰입니다. 절단하는 데 사용된다고 주장하는 사람들도 있습니다. 하지만 푹 삶은 면처럼 부드러운 음식이 아닌 다음에는 앞니로 직접 끊어 먹기란 어려운 일입니다. 그 옛날에도 (원시인이 등장하는 만화에서 주로 묘사하는 것처럼) 앞니로 고기를 문 다음 고기의 다른 쪽을 손으로 잡아당겨 뜯어낸 다음 씹어 먹었습니다. 아니면 앞니로 고기를 문 상태에서 칼로 나머지 부분을 잘라 냈지요.

18세기 무렵 식탁에 식사용 나이프와 포크가 등장했습니다. 그

포크와 나이프는 조용하고 새로운
식사 예절을 불러왔을 뿐만 아니라
인류의 치아 구조 또한 바꾸었습니다.

전까지는 각자가 휴대하고 있던 칼을 꺼내 사용했다고 합니다. 포크는 아예 식사할 때 등장조차 하지 않았습니다. 주로 주둥이가 좁은 단지에서 음식물을 꺼낼 때 사용하던 도구였습니다. 포크를 식탁에서 사용하는 관습은 이탈리아에서 먼저 시작되었습니다. 1526년 이탈리아의 작가이자 편집자인 유스타키오 첼레브리노Eustachio Celebrino가 쓴《잔치용 식단을 준비하기 위한 새로운 작업Opera nuova che insegna apparecchiare una mensa》이라는 책에서 식사용 포크가 처음으로 언급되었습니다. 식탁을 어떻게 꾸며야 하는지를 상세하게 기술하며 요리 양옆에 나이프와 포크를 놓는 것에 대해서도 설명했습니다.

첼레브리노는 현명하게 식탁을 차리려면 반드시 포크가 있어야 한다고 강조했지만 당시 포크는 큰 인기를 얻지 못했습니다. 손을 사용하거나 칼만 있어도 먹는 데 지장이 없었으니까요. 포크는 실용적인 도구라기보다 에티켓, 부르주아 계층의 고급스러운 취향에 가까웠습니다. 17세기 초반 이탈리아를 여행하며 포크를 처음으로 목격한 토머스 코리얏Thomas Coryat이 고국인 영국으로 돌아와 포크를 소개했을 때에도 사람들은 포크가 요상하며 허식적인 도구라 비웃었습니다. 모두 식탁에서 손이나 칼을 사용해 고기를 찢고 잘게 자른 고기를 손으로 집어 먹는 것이 익숙했지요.

하지만 1633년 찰스 1세Charles I가 "포크를 쓰는 것은 예의 바른 행동이다."라고 선언한 데서 시작해, 100여 년의 시간이 흐르는 동

안 귀족 계층뿐만 아니라 모든 사회 계층에서 포크를 사용하게 되
었습니다. 날카롭던 나이프는 안전상의 이유로 점차 무뎌졌고 18세
기 말에 이르러 포크와 나이프를 사용해 식사를 하는 것이 식탁 예
절로 자리 잡았습니다.

　일단 음식을 입안에 쑤셔 놓고 손으로 잡아당겨 끊어 내던 야만
적인 식사 모습은 사라졌습니다. 앞니로 물고 칼로 끊어 내던 방식
에서 포크로 음식을 고정하고 나이프로 잘게 잘라 내는 방식으로

　　　　　　　　　　　　　　사이언스 라디오

변화가 일어난 것이지요. 그리고 윗니와 아랫니가 서로 단단히 맞물리며 음식을 고정하던 앞니의 역할을 포크가 대신해 주면서 우리 인류에게서는 윗니가 점점 자라 아랫니와 맞물리지 않는 피개교합이 나타났습니다. 포크와 나이프는 조용하고 깔끔하게 음식을 먹을 수 있도록 도움으로써 새로운 식사 예절을 불러왔을 뿐만 아니라 우리 인류의 치아 구조 또한 바꾸었습니다.

달의 뒤편에 남겨진 이야기

"휴스턴, 여기는 고요의 바다······ 이글호 착륙 완료."

1969년 아폴로 11호의 닐 암스트롱이 처음으로 달에 내린 이래 1972년 아폴로 17호Apollo 17의 진 서넌Gene Cernan이 마지막 발자국을 남기기까지, NASA에서는 여섯 차례 달 착륙을 성공시켰습니다. 총 12명의 우주 비행사가 아폴로 계획에 따라 고요한 얼음의 땅, 달 세계를 경험하고 지구로 돌아왔습니다.

아폴로 우주 비행사들의 달 탐사는 인류 역사상 손에 꼽을 수 있는 기념비적인 사건입니다. 존 F. 케네디 대통령이 1960년대 말까지 인간(정확하게는 미국 시민)을 달에 보내겠다고 선언했을 때만 해도 사람들은 '설마 그게 가능하겠냐.' 하는 반응을 보였습니다. 모스크바 거리를 떠돌던 개, 라이카Laika가 스푸트니크 2호Sputnik 2를 타고 지구 궤도에 오른 게 불과 1957년의 일이었고, 구舊소련의 우주 비행사 유리 가가린Yurii Gagarin이 보스토크 1호Vostok 1에 몸을 실어 인류 최초로 우주 비행에 성공한 게 1961년이었으니까요.

하지만 정말로 1960년대가 저물기 직전, 인류는 달에 도착했습니다. 달 표면 위를 걷고 미지의 세계였던 달을 연구할 수 있는 자료들을 수집해 돌아왔습니다. 오늘날까지도 지구 궤도 밖 우주 탐험은 계속되고 있지만 다른 행성이나 위성처럼 지구가 아닌 우주 공간에 인간이 직접 발을 내딛은 경험은 아폴로 우주 비행사들이 전부입니다.

아폴로 계획은 진행되는 10여 년 동안 무수히 많은 기록과 자료를 만들어 냈습니다. 수많은 '최초'의 영예를 거머쥐기도 했고요. 통신이나 전자 장비 등의 발전과 신소재 및 신기술 개발, 그리고 일반인들에게서 과학에 대한 흥미와 관심을 이끌어내는 큰 역할을 하기도 했습니다. 우주 시대의 서막을 연 과학 기술과 사람들을 둘러싼 그 많은 이야기 중에는 널리 알려지지 않은 사실들이 있습니다. 최근에서야 밝혀진 것들도 있죠. 그 얘기를 해 볼까 합니다.

달 사진 속의 비밀

2015년 10월, 아폴로 계획 당시 촬영된 방대한 분량의 사진이 공개되었습니다. NASA에서 '프로젝트 아폴로 아카이브Project Apollo Archive'라는 이름으로 우주선의 모습과 달 탐사 장면 등을 담은 1만 여 장의 사진을 모두가 볼 수 있게 원본 그대로 인터넷상에 올렸습니다. 그중에는 우리가 익히 알고 있는 사진들도 많이 있습니다. 특히 이륙부터 달 착륙까지 전 세계에 생중계되었던 아폴로 11호의 경우에 말이지요.

우주 비행사가 막 달 착륙선 계단을 밟고 내려오는 모습, 미국 국기인 성조기 곁에서 경례를 하고 있는 장면, 저 멀리 끝을 알 수 없는 암흑의 지평선을 뒤로 한 채 카메라를 향해 다가오고 있는 모습. 아폴로 11호가 달에서 담아 온 사진들은 달 표면에 찍힌 '인류의 발자국'과 함께 우주 시대의 상징으로 남았습니다. 모두가 달 탐험 혹은 아폴로 계획 하면 달을 밟은 '최초의 인간' 암스트롱과 함께 다음의 사진들을 떠올리지요.

하지만 정작 암스트롱은 달 사진 어디에서도 모습을 보이지 않습니다. 아폴로 11호의 달 착륙 사진에서 등장하는 우주 비행사는 모두 한 사람, 암스트롱과 함께 달에 갔으며 달을 두 번째로 밟은 사나이, '버즈 올드린'입니다.

지구상의 인류를 대표하여 처음으로 달에 발을 내딛은 역사적인 현장에서 주인공이 사진 한 장 남기지 않았다는 데 사람들은 의구심을 품었습니다. 암스트롱이 다른 우주 비행사들과 달리 대중과 언론

아폴로 11호의 달 착륙 사진에서 등장하는
우주 비행사는 모두 한 사람, 암스트롱과 함께
달에 갔으며 달을 두 번째로 밟은 사나이,
'버즈 올드린'입니다.

×10

달을 밟은 최초의 사람, 암스트롱은 그렇게
올드린의 햇빛 가리개에 비친 조그만 그림자
로만 남았습니다.

앞에 나서기를 좋아하지 않았다는 점을 들어 일부러 사진을 남기지 않은 것이라 생각하는 사람들도 있었죠. 나중에 밝혀진 바에 따르면 암스트롱은 올드린에게 자신도 사진에 담아 주길 부탁했었다고 합니다. 다만 올드린이 암스트롱의 요청을 들어 주지 않았지요.

왜 그랬을까요? 왜 올드린은 암스트롱의 모습을 찍어 주지 않았을까요? 달에서 해야 할 다른 일이 많았기 때문일까요? 카메라를 다루는 게 능숙하지 않아서였을까요? 사람들은 그 이유를 '최초로 달에 선 인간'이라는 타이틀 때문이라고 추측합니다. 애초 계획에는 달에 처음으로 내리는 사람이 암스트롱이 아니라 올드린이었습니다. 하지만 착륙선의 출입문이 안쪽으로 열리는 탓에 문 바로 뒤에 앉아 있던 올드린이 먼저 나가기가 곤란했습니다. 결국 발사 몇 달 전에 암스트롱이 먼저 나가는 것으로 결정되었죠.

계획이 변경되자 올드린은 마음이 많이 상했습니다. 전 세계인의 이목이 집중되는 주인공의 자리에서 밀려났다고 생각하면 충분히 그럴 법합니다. 결국 달을 밟은 첫 번째 인류가 되지 못한 불만(과, 어쩌면 마음 한편에는 자기 자리를 빼앗긴 데 대한 보복)으로 올드린이 암스트롱의 모습을 사진으로 남겨 주지 않았다고 사람들은 이야기합니다.

달을 밟은 최초의 사람, 암스트롱은 그렇게 올드린의 햇빛 가리개에 비친 조그만 그림자로만 남았습니다.

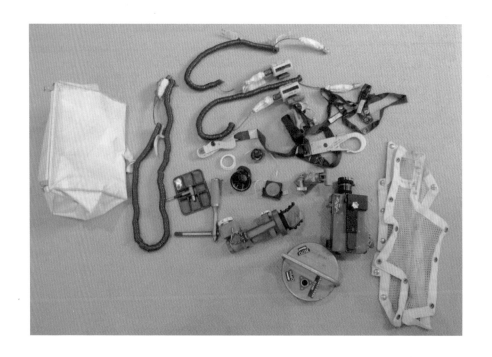

달을 여행하고 온 가방

2012년 암스트롱이 세상을 떠난 뒤 그의 유품을 정리하던 아내 캐롤은 옷장 속에서 낡은 가방 하나를 발견합니다. 하얀 천으로 된 가방 속에는 16밀리미터 카메라와 다목적 전등, 받침쇠, 전력선, 양 옆에 갈고리가 달린 기다란 끈, 비상 렌치 등 십여 개의 물품이 들어 있었죠. 남편은 살아생전 단 한 번도 이 가방에 대해, 그리고 가방 속 물건들에 대해 얘기하지 않았습니다. 캐롤은 하얀 가방이 무엇 인지 알 수 없었지만 뭔가 중요한 물건이 아닐까 짐작했습니다. 미국 국립항공우주박물관National Air and Space Museum에 연락했고 그렇게 몇 십 년간 옷장 속에 잠들어 있던 가방은 세상에 공개되었습니다. 낡고 하얀 가방은 1969년 암스트롱이 달에서 가져온 것이었습니다.

아폴로 9호 우주 비행사인 제임스 맥디비트James McDivitt의 이름을 따 '맥디비트 주머니McDivitt Purse'라고도 불리는 이 가방 안에는 우주 비행과 임무 수행에 사용된 각종 도구가 담겨 있었습니다. 특히 16밀리미터 카메라는 이글호 외부에 장착되어 이글호가 달에 착륙하는 순간, 암스트롱이 달 표면에 첫발을 내딛는 순간, 암스트롱과 올드린이 성조기를 꽂는 순간 등 두 사람이 착륙선과 달을 오가며 이런저런 임무를 수행하는 장면을 영상으로 기록하는 데 쓰였습니다.

달에서 온 가방이 공개되었을 때 사람들은 가방 속 물건들만큼이나 가방의 운명에 호기심을 보였습니다. 어떻게 수십 년이 지나는 동안 아무도 이 가방의 존재를 몰랐을까요? 아니, 어떻게 모를 수가 있을까요? 옆 동네에 다녀온 것도 아니고 38만 킬로미터나 떨어진 달에 갔다가 돌아온 가방인데 말입니다. 암스트롱은 왜 자기만의 옷장에다 가방을 꼭꼭 숨겨 두었을까요? NASA는커녕 가족에게도 단 한마디 말도 없이.

계획대로였다면 이 가방은 지금 달에 있어야 했습니다. 지구로 귀

암스트롱은
달을 여행하고 온 가방을
유품으로 남겼습니다.

×10

환 시 무게를 줄이기 위해 우주 비행사들은 더 이상 필요없는 물건들을 버리고 와야 했습니다. 달 위에서 과학 실험을 하는 데 쓰인 장비들, 카메라와 부속품들, 각종 전선과 다 먹은 음식 봉지들까지. 맥디비트 주머니도 그중 하나였습니다. 그러나 무슨 이유에선지 암스트롱은 가방을 손에 든 채 이글호에서 사령선 컬럼비아호로 옮겨 탔고 함께 귀환한 우주 비행사들에게도, 그들을 맞이한 NASA 측 사람들에게도, 가족에게도, 그 누구에게도 정확히 알리지 않았습니다. 그리고 무려 40여 년간 혼자만의 비밀로 간직했습니다.

암스트롱이 아니었다면 이 가방은 아폴로 우주 비행사들이 모두 떠난 후 이글호와 함께 달 표면 어딘가로 추락했을 겁니다. 그리고 달에 곤두박질치며 산산조각이 나 버렸을 테지요. 무슨 이유에서였건 그는 가방과 함께 지구로 돌아왔고 비록 수십 년이 지난 후이긴 하지만 달에서 가져온 기념품 목록에 한 가지를 더 추가해 주었습니다. 그리고 우리는 가방 속 물건들을 통해 달의 저편에서 일어난 일들을 다시 한번 머릿속으로 그려 볼 수 있게 되었고 말입니다.

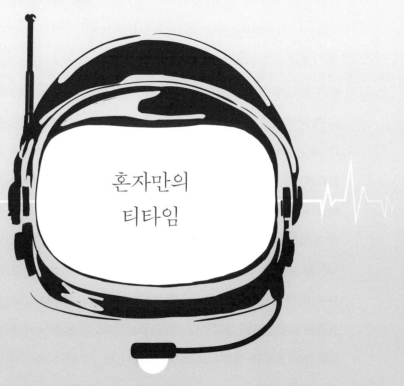

channel **04.**

혼자만의
티타임

다정한 수다

한적한 오후, 세 명의 여성이 이야기꽃을 피우고 있습니다. 제일 왼쪽에 앉은 여성이 고개를 한껏 젖혀 오른쪽에 있는 여성의 귓가에다 대고 무언가를 속삭입니다. 들려주는 이도, 듣는 이도 입가에 미소를 머금은 것으로 보아, 재미있는 내용이 분명합니다. 홀로 의자에 앉아 있는 여성도 두 사람 쪽으로 상체를 기울이며 호기심을 드러내고 있습니다. 이웃마을 누군가의 연애사일까요? 사랑을 고백했다 퇴짜를 맞은 청년에 대해 얘기하는 중인 걸까요? 아니면, 읍내에 나갔다 우연히 만난 옛 친구를 험담하고 있는 걸까요? 수다에 얼마나 흠뻑 빠졌는지, 이제 막 문을 열고 들어오는 한 남성의 존재를 알아차리지도 못하고 있습니다.

우리는 왜
쓸데없는 수다를 즐기는 걸까요?

우리는 하루 중 많은 시간을 친구나 가족, 동료들과 수다를 떨며 보냅니다. 카페에서, 식당에서, 버스 정류장에서, 회식 자리에서, 집 안 거실에서, 삼삼오오 모여 그림 속 여성들처럼 담소를 나누는 풍경을 흔히 볼 수 있지요. 시리아 내전이나 그리스 국가 부도, 기후 온난화, 외환 위기 같은 굵직굵직한 정치·사회적 쟁점들이 주제로 오르기도 합니다. 하지만 텔레비전 시사 토론 프로그램에 출연하지 않는 이상, 일상적인 대화는 유명인의 사생활이나 직장 동료, 친구, 가족 같은 주변인들의 연애와 실연, 칭찬과 험담 등으로 자연스럽게 흘러갑니다. 우리는 가십gossip, 스몰토크small talk, 잡담, 한담에 많은 시간을 투자하고 있습니다.

우리는 왜 쓸데없는 수다를 즐기는 걸까요? 왜 지금 당장 나와는 상관없는 다른 사람에 대한 얘기로 금쪽같은 시간을 흘려보내는 걸까요? 대답은 간단합니다. 가십거리로 가득한 수다가 우리 인간 사회를 돌아가게 하는 원동력이자, 인류를 지금과 같은 모습으로 만든 중요한 부분이기 때문입니다.

치타처럼 빠른 발도, 사슴처럼 강한 뿔도, 독수리처럼 날카로운 발톱도, 코끼리처럼 거대한 몸집도 갖지 못한 인간이 약육강식으로 가득한 야생에서 살아남기 위해서는 여럿이 힘을 모아야 했습니다. 먼 과거 사냥을 통해 먹을거리를 해결하던 때, 인간보다 힘도 세고 날쌘 다른 동물들을 사냥하려면 각자 역할을 분담해 유기적으로 움직이는 하나의 팀이 필요했습니다. 제아무리 우수한 사냥꾼이라도 홀로 사냥에 나섰다간 먹을거리를 구해 오기는커녕 맹수들의 먹잇 감이 되기 십상이었고요. 뿐만 아니라 밤에 잠을 자는 동안 소중한 모닥불이 꺼지지 않게 돌아가며 불씨를 살피고, 유난히 양육 기간이 긴 인간 아이들을 돌보고, 어느 날 갑자기 침입해 오는 적들을 몰아 내려면 서로서로 협력하며 공동체를 유지해야 했습니다.

협력은 신뢰를 바탕으로 합니다. 누구와 손을 잡을지, 누구를 믿 고 따를지를 제대로, 정확히 판단하지 못하면 나만 손해를 입고 마 는 경우가 분명 발생합니다. 내가 등을 긁어 주었을 때 그에 대한 보 답으로 나의 등도 긁어 줄 사람을 찾는 것, 더 나아가 단순히 보답하 지 않을 뿐만 아니라 어쩌면 내가 등을 보였을 때 내 등에 칼을 꽂을 지도 모를 인물을 가려내는 것은 인류가 살아남는 데 있어 매우 중 요한 부분이었습니다.

특히 인구가 늘고 공동체가 커지면서는 신뢰할 수 있는 사람과 그렇지 못한 사람, 요즘 하는 말로 먹튀하는 사람 또는 무임승차자, 배신자를 구분해 내는 일이 더더욱 필요해졌습니다. 주로 가족이나 친지로 이루어져 대부분의 구성원을 잘 알던 작은 집단과 달리, 규 모가 크고 복잡해진 사회에서는 언제 어디에서 전혀 모르는 사람과 부딪혀 협력을 해야 하는 상황이 생길지 알 수 없기 때문이지요. 이 때, 구원 투수로 등장한 것이 '수다'였습니다.

인류는 누가 무엇을 했는지,
하지 않았는지 잡담이나 한
담을 통해 다른 사람에 대한
평판을 공유하였습니다.

인류는 '누가 무엇을 했는지, 하지 않았는지'에 관해 주로 이야기하는 잡담이나 한담을 통해 다른 사람에 대한 평판을 공유하였습니다. 지금 당장은 나와 상관없을지라도 타인에 관한 정보, 그러니까 믿을 수 있는 사람인가 그렇지 못한 사람인가, 혹은 착한 사람인가 나쁜 사람인가 등을 미리 알아 둠으로써 나중에 그 사람과 마주치는 상황이 발생했을 때 내가 어떻게 행동해야 할지를 대비할 수 있었습니다.

또한 개개인에 대한 평판을 주고받는 과정에서 때로는 내가 속해 있는 공동체가 우선하는 가치 규범을 습득하고, 살아가는 데 도움이 될 만한 지침을 얻기도 했습니다. 확장되고 복잡해져 가는 사회에서 사람들 간에 협력을 일으키고 우호적인 사회 관계망을 유지하는 데 수다가 한 역할을 한 셈입니다.

오늘날에는 대중 매체에다 인터넷과 SNS(사회 관계망 서비스)까지 가세하면서 한 개인의 행동과 그에 따른 평판이 과거에는 상상도 할 수 없었을 만큼 빠르게, 널리 퍼져 나가고 있습니다.

그러나 여전히 우리 인간 사회를 좋은 방향으로 이끄는 데 도움을 주는 수다도 존재합니다. 물에 빠진 아이를 구하거나 형편이 어려운 어르신을 돕는 등 선행을 일 삼는 사람들과 기업들, 건강한 식재료로 정성 들인 한 끼를 공급하는 동네 가게들처럼 좋은 평판을 널리널리 공유하는 것 또한 수다가 있기에 가능한 일입니다. '수다

떠는 재주' 덕분에 우리 인간은 지금과 같은 모습의 복잡다단한 사회를 이루고 살 수 있었습니다. 수다의 긍정적 가치를 기억하며, 보다 협력하는 사회를 만드는 데 이 재주를 지혜롭게 활용하면 좋겠습니다.

미래를 할인하는 우리의 마음

가족들은 모두 놀러 나간 주말 오후, 홀로 방 안에 앉아 원고를 쓰고 있습니다. 텅 빈 모니터를 바라보며 한숨을 쉬기를 30여 분, '마감까지는 아직 한 달이나 시간이 남아 있으니까.'라며 내심 스스로를 합리화하며 일단 글 쓰는 걸 미루고 오랜만에 방 청소를 해 보기로 합니다. '어디 보자, 어디서부터 정리할까?' 가장 먼저 눈에 들어오는 건 역시 책상과 책장. 책상에 쌓인 책들을 다시 책장에 일일이 꽂고 책장에 쌓인 먼지들을 쓸어 내다 아무래도 오늘 안에 청소를 끝내기는 힘들지 않을까 하는 생각이 들며 눈에 들어오는 책 한 권을 꺼내 듭니다. '음, 이 책이 있었다는 걸 깜빡 했네.' 사 놓고는 펼쳐 보지도 않은 책을 손에 들고 결국 이불 밑으로 기어 들어갑니다.

글쓰기를 미루고 청소를 하기로 했건만 청소를 미루고 책을 읽는 행동, 낯설지 않으시죠? 대개 시험공부를 해야 하는 상황에서 앞에 놓인 문제집을 덮어 두고 다른 걸 먼저 하려다(예를 들어, 이틀 후에 제출해야 할 숙제를 하려 한다거나) 결국 그 일도 미루고 컴퓨터 게임이나 SNS에 접속하는 일들을 흔히 경험합니다. 심지어 이러한 '미루기의 미루기'를 지칭하는 말●도 최근에는 생겨났다고 합니다. 언젠가는 해야 할 일이지만 슬쩍 옆으로 미뤄 두는 행동은 사람에 따라 정도의 차이는 있지만 보편적으로 벌어지는 현상입니다.

지금 하나, 나중에 하나, 결국은 해야 할 일을 우리는 왜 미루는 걸까요? 찝찝한 마음을 안고 지내느니 미루기를 멈추고 그냥 바로 해 버리는 게 나을 수도 있는데요. 이처럼 무언가를 미루는 행동은 '미래를 할인하려는 우리 마음'과 관련이 있습니다. '시간 할인temporal discounting'이라고도 부르는 '미래 할인future discounting'은 우리 마음이 보상의 가치를 시간의 멀고 가까움에 비추어 평가하는 현상을 말합니다. 시간적으로 근접한 것에 대해선 보상을 높이 평가하고, 먼 것에 대해서는 낮게 평가하는 것이지요.

가장 쉬운 예로, 여기 10만 원이 있습니다. 오늘 받겠다고 하면 10만 원을, 한 달 후에 받겠다고 하면 11만 원을 줍니다. 사람들은 언제, 얼마를 받겠다고 답할까요? 대부분의 사람이 오늘 10만 원을 받는 쪽을 선택합니다. 그런데 재미있는 것은 시간을 좀 더 미래로

● 이러한 행동을 설명하는 말로 'procrastination inception'이라는 새로운 단어가 만들어지기도 했습니다.

옮겨 1년 후에 10만 원과 1년 1개월 후에 11만 원 중 고르라고 하면 1년 1개월 후 11만 원을 받겠다고 답한다는 것입니다. 어차피 1년 기다린 거 한 달 더 못 기다리겠냐고 생각하는 것이죠.

'합리적'으로 판단한다면 오늘 10만 원보다 한 달 후 11만 원을 받는 쪽을 택해야 하지만 당장 손에 쥘 수 있는 보상(10만 원)이 주는 기쁨과 유혹을 우리는 떨쳐 내지 못합니다. 그리하여 한 달만 기다리면 추가로 얻을 수 있는 보상의 가치를 깎아내리고 그 대신 보상이 작지만 빨리 받는 비합리적인 선택을 내립니다. 말 그대로 미래의 가치를 할인하는 것이지요.

미래를 할인하는 경향은 시간이 점차 멀어질수록 줄어듭니다. 1년 후를 바라보면 1년 후나 1년 하고 한 달 후나 마찬가지로 먼 미래의 일로 느껴져서 결국 코앞에 닥친 보상과 비교해 가치 절하를 덜하게 됩니다. 지금으로서는 1년 1개월 후에 받는 합리적인 선택을 하지만, 글쎄요. 1년 후가 되어 다시 '지금'의 문제가 되면 앞서와 동일하게 "한 달 후 말고 오늘 주세요." 하고 말하게 되지 않을까요?

보상이 얼마나 가까운 미래에 주어지느냐에 영향을 받는 우리 마음이 결국 다음 주에 치룰 기말고사를 준비하다 말고 텔레비전을 켜서 드라마를 보게 만듭니다. 시험 성적을 잘 받아서 사람들 앞에서 기세등등할 기쁨보다 드라마 속 주인공들의 사랑 이야기가 주는 즐거움의 가치가 훨씬 더 크게 느껴지니, 시험공부는 일단 미루고

우리의 마음은
보상이 얼마나 가까운 미래에
주어지느냐에 영향을 받습니다.

×10

드라마부터 보는 것이지요. 매년 수많은 사람이 새해가 되면 야심 차게 계획을 세웠다가 작심삼일로 끝나고 마는 현상도 '미래 할인' 때문입니다. 다이어트에 성공해 6개월 후 여름 해변에서 멋지게 수영복을 소화하는 것과 당장 불판 위에서 지글지글 익어 가는 삼겹살을 입안에 넣었을 때의 만족감, 웬만한 사람들은 삼겹살의 유혹에 굴복하고 맙니다.

그렇다면, 단기적 보상에 눈이 멀어 미래의 가치를 과도하게 평가 절하하는 현상을 막을 방법은 없을까요? 작심삼일에 그치고 마는 계획들이 사실은 건강과 연결되어 있음을 생각하면, 그리고 건강뿐만 아니라 학업이든 직업이든 더 나은 미래를 위해서는 반드시 장기간에 걸친 꾸준한 준비 과정이 필요하다는 사실을 떠올리면, '미래 할인'을 줄일 수 있는 방안을 찾아야 할 것 같습니다.

한 실험에서는 '자연 풍경'에 노출되면 미래를 할인하려는 경향이 줄어들더라는 결과를 내놓았습니다. 자연이 담긴 사진을 보거나, 아니면 직접 공원처럼 숲과 나무로 우거진 장소를 걷고 난 후에는 도시가 담긴 사진을 보거나 도심의 빌딩 속을 돌아다니는 것보다 '미래 할인' 비율이 10~16퍼센트 줄었습니다. 자연 환경을 경험한 사람들은 미래의 보상이 당장의 보상보다 비록 얼마 높지 않을지라도(10유로 정도) 기다렸다 보상을 받는 쪽을 선택했지요. 실험을 진행했던 연구자들은 자연 풍경이 자원의 풍족함과 자원 획득의 예측

가능성에 대한 단서를 우리에게 제공하기 때문이라고 생각했습니다. 그에 반해 인공물은 자원을 둘러싼 경쟁과 그로 인한 자원 획득의 예측 불가능성을 나타낸다고 말이지요.

인류의 전체 역사를 놓고 볼 때 인간이 도시 사회에서 살게 된 것은 비교적 최근에 벌어진 일입니다. 완전히 새로운 환경은 다른 대부분의 동물들에서 그렇듯이 예측이 어렵습니다. 몇 개월 후 내게 무슨 일이 일어날지, 그때에도 내가 필요로 하는 것들을 손에 넣을 수 있을지 알 수 없는 상황에서 앞날을 계획하고 그에 맞춰 무언가를 준비한다는 것은 매우 힘든 일이지요. 다가올 여름휴가에 친구들과 함께 해변으로 놀러가고 싶은 마음은 굴뚝같지만 그 전에 직장을 잃게 된다든가 갑자기 부서가 바뀌면서 아예 여름휴가를 갈 수 없게 될지도 모릅니다. 몇 년 후에는 내 집을 마련해서 정착하고 싶지만 지금처럼 집값이 치솟는다면 버는 돈을 차곡차곡 모아 봤자 어림도 없습니다. 미래의 불확실성이 미래 가치를 할인하고 현재에 집중하게 만듭니다.

이 실험이 흥미로웠던 또 한 가지는 자연 풍경에 노출된 시간이 굉장히 짧다는 것입니다. 사진을 본 사람들은 각각 2분씩 세 장의 사진을 컴퓨터 모니터로 보았으며, 실제로 자연 속을 거닌 사람들은 단 5분간 산책을 했습니다. 극적인 효과를 불러오지는 못했더라도, 이 짧은 시간 동안 자연 환경에 노출되는 것이 미래를 할인하려는

×10

우리 마음에 제동을 걸었습니다. 과거 오랜 시간 함께했던 자연 환경에 대한 익숙함, 편안함이 아직도 우리 마음속 깊숙한 곳에는 남아 있어 단시간의 자극만으로도 장기적인 계획을 갖고 미래에 투자하는 삶으로 되돌아가도록 부추기는지도 모르겠습니다.

다가올 시험을 대비하는 도중에 자꾸 딴 데로 눈길이 간다면, 새해 금연이나 금주, 다이어트 계획이 무너질 위기에 처해 있다면, 잠시 모든 것을 내려놓고 가까운 공원을 거닐어 보는 것은 어떨까요? 그게 여의치 않으면 인터넷에서 자연 풍광이 담긴 사진을 찾아보거나, 아예 아름다운 숲과 호수 사진으로 매 달을 채우고 있는 달력을 방 한가운데 걸어 놓는 것도 좋은 방법이겠습니다.

어제가 없는 남자

FM

AM

"제발 이 기억만은 남겨 주세요. 이 순간만은."

— 영화 〈이터널 선샤인〉

부검대 위에 한 남자가 누워 있습니다. 82세의 이 남성은 이곳 부검실로 오기 전 장장 아홉 시간 동안 MRI 기기 속에 들어 있었습니다. 보통은 좀이 쑤시거나 밀실 공포증에 휩싸이는 탓에 두 시간도채 못 버티지만, 그는 밀폐된 원통 기기 안에서 미동도 없이 아홉 시간을 보냈습니다. 총 11기가의 뇌 영상 자료를 쏟아내며 말이지요.

부검은 조용하고 빠르게 진행되었습니다. 두피와 두개골을 차례로 자르고 최대한 조심스레 뇌를 두개골로부터 분리하였습니다. 손상 없이 온전하게 들어낸 뇌는 포르말린이 가득 든 용기 속에 담겼습니다. 사진사가 여러 각도에서 수백 장의 사진을 찍었습니다. 그런 후 특수 포름알데히드가 든 용기로 다시 옮겨졌습니다.

그리고 정확히 1년이 흘러 남자의 뇌는 53시간에 걸쳐 총 2,401개의 얇은 조각으로 분해되었습니다. 사람 머리카락 굵기인 70미크론 두께로 뇌를 조각내는 이 과정은 인터넷을 통해 생중계되었습니다. 사흘 동안 40만 명의 사람이, 살아생전 'HM'이라 불리던, 신경과학의 역사에서 가장 널리 알려지고 연구된 한 남자의 뇌를 직접 들여다보는 역사적인 순간을 함께하였습니다.

HM은 뇌전증epilepsy 증상이 시작된 열 살 무렵 이후로 불우한 청소년기를 보냈습니다. 학교에선 따돌림당하기 일쑤였고 간헐적으로 발생하는 발작 때문에 정상적인 생활을 하기 힘들었습니다. 저명한 병원들을 찾아다녔지만 원인을 규명하지 못해 일시적인 증상 완화만을 기대할 수 있던 그때, 정신 외과 의사 윌리엄 스코빌William Scoville로부터 당시 유행하고 있던 뇌엽절제술lobotomy을 권유 받았습니다. 뇌의 일부분을 잘라내는 이 수술은 정신분열증이나 우울증 등 다양한 정신 질환에 유효한 치료법으로 간주되고 있었습니다.

1953년 8월, HM의 양 눈썹 바로 위쪽 두개골에 각기 4센티미터 크기의 구멍을 뚫고 양쪽 측두엽 일부를 제거하는 측두엽절제술tempora lobectomy이 시행되었습니다. 이 수술로 해마의 전면 절반에 해당하는 해마구와 이에 인접한 내후뇌피질, 해마를 감싸고 있는 편도체가 제거되었습니다. 실험적인 수술이긴 했지만 뇌전증 완화에 도움이 될 것으로 기대되었고 실제로 수술 이후 HM의 발작은 극적으로 감소했습니다.

그러나 수술 후 며칠이 지나자 이상 징후가 나타나기 시작했습니다. HM은 오늘이 며칠인지 무슨 요일인지는 물론 아침에 무얼 먹었는지 바로 몇 분 전에 무슨 대화를 나눴는지 전혀 기억하지 못했습니다. 병실에서 날마다 만나는 사람들을 언제나 처음 만나는 사람인 양 대했습니다. 하루에도 몇 번씩 가는 화장실을 매번 찾지 못해 헤맸습니다. 수술 전에 겪었던 과거의 굵직한 사건들 중 일부도 기억에서 사라졌지만 더 큰 문제는 새로운 기억을 만드는 능력을 잃어버린 것이었습니다.* 뇌의 일부를 절제한 후 HM은 영원히 스물일곱 살의 기억 속에 갇히고 말았습니다.

HM의 사례는 우리 뇌에서 기억이 형성되는 과정과 기억의 종류 등 전반적인 뇌의 기억 메커니즘을 이해하는 데 토대가 되었습니다. 수술 이후에도 그의 지각 능력이나 사고 능력 등은 모두 정상이었습니다. 단지 '바로 지금'의 정보를 기억으로 저장하는 능력이 현저히 떨어질 뿐이었습니다. 정신 장애도 없었고 인지 능력도

---

* 기억 상실에는 역행성 기억 상실(retrograde amnesia)과 선행성 기억 상실(anterograde amnesia)이 있습니다. 역행성 기억 상실은 과거의 일을 기억하지 못하는 것이며 선행성 기억 상실은 최근 일을 기억하지 못하는 것을 말합니다. HM의 기억 상실은 선행성 기억 상실로, 2분 전에 경험한 일도 기억하지 못했습니다. 영화 〈메멘토〉의 주인공이 앓고 있던 질병 또한 선행성 기억 상실입니다.

살아생전 'HM'이라 불리던 남자.
그는 뇌의 일부를 절제한 후 영원히 스물일곱 살의
기억 속에 갇히고 말았습니다.

×10

정상이었기에 HM은 순수하게 인간의 기억 능력을 연구할 수 있는 완벽한 사례였고 그가 세상을 떠나기까지 50여 년간 수많은 과학자가 그를 대상으로 기억과 관련한 중요한 사실들을 밝혀내었습니다.

HM을 통해 우리는 기억이 하나의 기능이 아니라 여러 다른 기능의 조합이라는 점을 알게 되었습니다. HM의 뇌는 받아들인 자극을 아주 짧게는 지닐 수 있었지만 저장해 두었다가 나중에 다시 꺼내는 일은 하지 못했습니다.* 우리 기억이 감각 기관으로 들어온 정보를 첫째, 부호화하고 둘째, 저장하며 셋째, 필요할 때 인출하는 세 과정으로 이루어진다는 것과, 단기 기억과 장기 기억으로 분류된다는 사실이 드러났습니다. 다양한 감각 정보가 해마로 모여 기억이 형성되기 시작하며 해마에 단기간 저장돼 있던 정보가 대뇌피질로 이동하면서 기억이 오랫동안 보관된다는 것도 말이지요. 단기 기억에서 장기 기억으로 전환되는 데 해마가 중요한 역할을 한다는 사실이 비로소 HM의 사례를 통해 밝혀졌습니다.

HM은 새로 만나는 사람들을 알아보지 못했습니다. 하지만 낯선 사람 누구에게도 적대적이지 않았습니다. 그를 연구하기 위해 수많은 과학자가 방문했고 수십 년간 다양한 종류의 실험을 요구 받았

---

* 단기 기억은 바로 눈앞의 정보를 기억하는 걸 말합니다. 예를 들어, 누군가 전화번호를 불러 주었을 때를 생각하면 이해가 쉽습니다. 방금 들은 숫자들을 우리는 아주 잠깐 동안 기억합니다. 하지만 신경을 집중해서 특별히 암기하지 않는 한 이 정보들은 사라져 버리지요. 암기를 통해 다시 끄집어낼 수 있는 상태가 되면 장기 기억으로 저장된 것입니다.

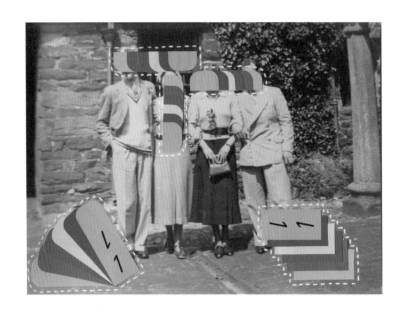

지만 그는 늘 온화하고 상냥하고 친근하게 처음 만나는 사람들을 대했으며 참을성 있게 과제에 응했습니다. 2008년 12월,《뉴욕 타임스_The New York Times_》1면에 HM의 부고 기사가 실리자, 전 세계 과학자들이 그의 명복을 빌었습니다. 한 대학에서는 그날 강의를 모조리 그에게 헌정하기도 했습니다.

살아생전 신경과학의 역사에 중대한 발자취를 남긴 그의 뇌는 죽어서도 방대한 양의 디지털 이미지를 통해 오늘날까지 기억 연구에 이바지하고 있습니다. 비록 자신은 영원히 현재 진행형인 삶을 살았지만, 지금 이 순간 이후의 그 무엇도 기억하지 못했지만, 그는 수

많은 사람의 마음속에 영원한 기억으로 남았습니다. 어제가 없는 남자 헨리 몰레이슨Henry Molaison의 희생으로 우리는 어제는 물론 오늘과 내일의 기억을 이해하게 되었습니다.

잔혹한 뇌 수술의 비밀

"1953년 8월 25일 화요일, 윌리엄 스코빌은 수술대 앞에 서서 환자의 두피에 마취제를 주사했다. 헨리 몰레이슨은 깨어 있는 상태로 의사와 간호사들과 이야기를 나누었다. 뇌에는 통각 수용체가 없어 수술 받는 동안 어떠한 고통도 느끼지 못하므로 전신마취가 필요하지 않다. 마취가 필요한 곳은 두피와, 뇌와 두개골 사이에 있는 섬유질 조직인 뇌경질막이다.

마취제가 효과를 발휘하자 스코빌은 주름선을 따라 이마를 한 줄로 절개하여 피부를 뒤집었고 그 밑으로 붉은 속피부와 두개골이 드러났다. 헨리의 눈썹 바로 위쪽 두개골에다 5인치(약 13센티미터) 간격으로 지름 1.5인치(약 4센티미터) 구멍을 두 군데 뚫었다. 그리고 구멍

뚫은 곳에서 원형 뼈 두 조각을 빼내어 나란히 놓았다. 이 두 개의 구멍은 수술의들이 수술도구를 넣었다 뺐다 할 수 있는 일종의 현관문이 되었다."

— 수잰 코킨, 《어제가 없는 남자, HM의 기억》

영화 〈메멘토Memento〉의 주인공인 레너드처럼 내일이란 없이 오로지 지금 이 순간만을 기억하며 살았던 사람, HM. 헨리 몰레이슨이 뇌전증을 앓던 1950년대 초중반에는 심각한 정신 질환으로 고통

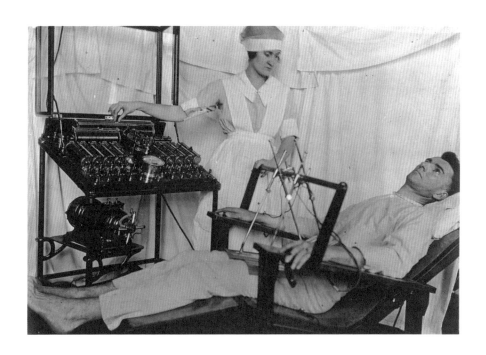

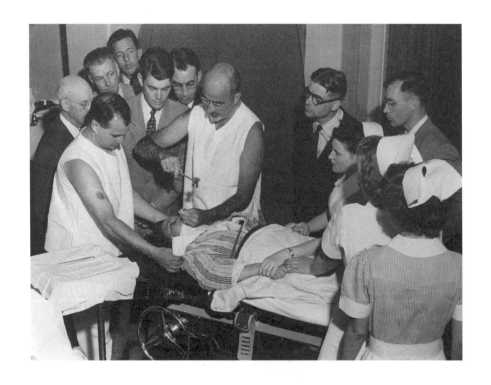

받는 사람들을 치료할 수 있는 실질적인 방법이 없었습니다. 지금처럼 향정신성 약물이나 항우울제 등 정신 계통의 약물이 개발되지 않아 약물 치료가 불가능했으며 정신 분석도 거의 도움이 되지 못했습니다. 환자를 병원에 감금해 안정을 빙자해 혼수상태로 만들어 놓는 것 외에는 달리 방도가 없었지요. 그때 뇌의 일부분을 제거해 '치료하는' 뇌엽절제술이 등장했습니다. 마치 곪아 있는 염증을 도려내듯 뇌 조직을 떼어내면 정신 기능이 회복되리라 믿었던 것입니다.

사이언스 라디오

1930년대 포르투갈의 신경외과 의사 안토니우 에가스 모니스António Egas Moniz부터 미국의 신경외과 의사 월터 프리먼Walter Freeman과 제임스 와츠James Watts를 시작으로 뇌엽절제술은 대유행을 했습니다. 정신 외과술의 창시자라 불리는 모니스는 1944년 은퇴하기까지 100여 명의 환자에게 전두엽절제술frontal lobotomy을 시행했으며 뇌엽절제용메스leukotome라는 새로운 기구를 개발하기도 했습니다.* 프리먼과 와츠는 기존의 수술 방법을 변형하여 양쪽 눈구멍 뼈를 통해 뇌에 접근하는 경안와뇌엽절제술transorbital lobotomy로 23개 주 3000여 명의 환자를 시술했습니다.

뇌엽절제술은 전신 마취 없이** 간편하게, 적은 비용으로 수술할 수 있다는 장점으로 인해 재빨리 전성기를 맞았습니다. 1949년에만 5074명, 1951년까지 1만 8000여 명이 수술을 받았으며, 존 F. 케네디 대통령의 여동생인 로즈메리 케네디Rosemary Kennedy도 우울증을 치료 받고자 이 수술을 받았습니다. 그리고 뇌전증으로 고통 받던 몰레이슨도 뇌엽절제술의 한 종류인 측두엽절제술로 뇌의 일부를 영원히 도려내는 치료 아닌 치료를 받았고 말입니다.

20세기 중반 뇌엽절제술이 얼마나 크게 유행을 했는지는 당시의 시대상을 반영한 문학 작품이나 영화 등에서도 확인할 수 있습니

---

* 모니스는 뇌엽절제술을 개발한 공로로 1949년 노벨 생리 의학상을 받았습니다.

** 뇌엽절제술은 머리 일부에만 국소 마취제를 주사한 후 진행되었습니다. 뇌에는 통각 수용체가 없는 탓에 고통을 느끼지 못하므로 전신 마취를 할 필요가 없었습니다. 실제로 환자들은 수술 받는 동안 깨어 있는 상태로 의사나 간호사들과 이야기를 나누기도 했습니다.

다. 잭 니콜슨의 광기 어린 연기로 유명한 영화 〈뻐꾸기 둥지 위로 날아간 새One Flew Over The Cuckoo's Nest〉, 모든 편의 시설을 갖춘 최첨단 초고층 아파트에서 벌어지는 탐욕과 파괴, 공포를 다룬 J. G. 밸러드의 〈하이-라이즈High-Rise〉, 고립된 섬 셔터 아일랜드에서의 실종 사건을 다룬 미스터리 스릴러 〈셔터 아일랜드Shutter Island〉 등에서 폭력성을 드러내거나 기억 상실을 보이는 정신 질환자들에게 뇌엽절제술을 강력하게(거의 강제로) 시술하려는 장면이 등장하지요.

유력한 의료 기법으로 각광을 받았기에 숱한 사람들이 뇌엽절제술을 받았지만 곧 문제가 나타나기 시작했습니다. 수술 부작용으로 출혈이나 두통, 발작, 언어 능력이나 판단 능력 상실, 치매, 심각하게는 자살이나 사망에 이르는 환자들이 속출했습니다. 몰레이슨처럼 해마를 비롯한 측두엽 일부를 제거한 후 기억 상실증이 유발된 사람들도 있었고요. 당시에는 전체적인 뇌의 기능에 대해 알려진 바가 거의 없었고 기억 형성이 해마와 관련이 있다는 사실도 알지 못했습니다. 몰레이슨이 치료 효과도 검증되지 않은 이 파괴적인 수술을 받은 덕분에 기억 회로가 뇌의 양쪽 해마 안에 있다는 게 밝혀졌으니까요.

뇌엽절제술이 뇌에 돌이킬 수 없는 손상을 입히는데다 비윤리적이라는 사실이 널리 알려지며 정신 외과술을 비판하는 목소리들이

점차 커져 갔습니다. 게다가 새로운 합성 약물이 개발되어 증상을
완화하거나 치료하는 데 효과를 입증해 보이면서 결국 뇌엽절제술
은 설 자리를 잃었습니다. 현재는 환자의 권리와 안전이 보호되는
일부 상황에서만 제한적으로 시행되고 있을 뿐입니다.

우주로 띄운 타임캡슐

보이저 1호가 태양계를 떠났다고 합니다. 1977년 9월 5일, 태양계 내의 목성형 행성*을 탐사하는 중대한 임무를 띠고 우주로 쏘아 올려진 보이저 1호는 그보다 며칠 빨리(8월 20일) 발사된 쌍둥이 탐사선 보이저 2호와 함께 목성과 토성, 천왕성, 해왕성을 차례로 지나며 우리가 몰랐던 우리 이웃 행성들에 관한 진귀한 소식들을 전해 주었습니다. 목성에 위성이 셋이 딸려 있다던가, 토성의 고리가 얼음덩어리로 이루어져 있다던가 하는 것들을 말이지요. 36년간의 태양계 비행을 끝낸 보이저 1호는 지난 2013년 9월, 태양의 영향권

---

* 태양계에 있는 행성들은 물리적 성질(밀도와 크기 등)에 따라 크게 지구형 행성과 목성형 행성으로 나뉘고 있습니다. 지구형 행성으로 수성, 금성, 지구, 화성이, 목성형 행성으로 목성, 토성, 천왕성, 해왕성이 있습니다. 태양계 내에서의 각 행성의 위치를 고려해 보면, 지구형 행성들은 화성을 기준으로 태양에 가까이 있는 행성들이며 목성형 행성들은 태양에서 멀리 있는 행성들임을 알 수 있습니다.

보이저호가 나르는 황금빛 구리 원반은
우주에 존재하는 다른 생명체에게 보내는
외교 사절단인 동시에 미래의 인류에게 띄우는
타임캡슐인 셈입니다.

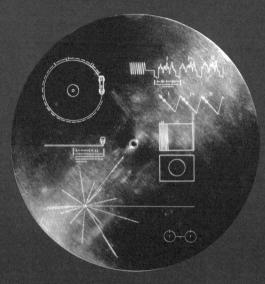

을 영원히 벗어나 저 멀리 성간 우주로 첫발을 내디뎠습니다. 올해로 38년째 우주 공간을 여행하고 있을 보이저 1호는 이로써 인간이 만든 물체 중 지구에서 가장 멀리 나아간 최초의 존재가 되었습니다.

보이저호에는 '지구로부터 보내는 메시지'도 실려 있습니다. 언제 어디서일지, 그리고 정말 그런 일이 일어나기는 할지 알 수 없지만 혹시나 우주 비행 도중 이루어질지 모를 외계 생명체와의 만남을 대비하기 위해 우리 행성인 지구와 인류를 간략하게 소개하는 내용을 담았습니다. 원형의 구리판 위에 얇게 금을 입힌 레코드판, 골든 레코드Golden Record에다 말이지요. 저 머나먼 우주로까지 인류가 여행할 수 있는 시대가 오면 우주 공간 어딘가에서 과거의 인류가 보낸 이 메시지를 미래의 인류가 마주하는 일이 생길지도 모릅니다. 보이저호가 나르는 황금빛으로 빛나는 구리 원반은 오늘의 우리가 우주에 존재하는 다른 생명체에게 보내는 외교 사절단인 동시에 미래의 인류에게 띄우는 타임캡슐인 셈입니다.

기록물을 담아 우주로 띄워 보내는 시도가 이번이 처음은 아니었습니다. 보이저호보다 앞서 각각 1972년과 1973년에 발사된 파이어니어 10호와 11호Pioneer 10, 11에 인류의 메시지가 새겨진 직사각형의 알루미늄 판이 최초로 실렸습니다. 인간 남녀의 모습과 우리은하에서의 태양의 위치, 태양계 구성원 등을 간략하게 선으로 나타낸 그림들이었지요.

골든 레코드에는 이보다 훨씬 더 많고 다양한, 118장의 사진과 그림, 55개 언어로 된 인사말, 그리고 12분 길이의 지구가 내뿜는 각종 소리와 90분의 음악이 담겨 있습니다. 칼 세이건과 프랭크 드레이크Frank Drake●를 비롯한 과학계와 예술계 인사들이 모여 머리를 맞댄 결과물이었습니다. 외부 이물질이나 충격으로부터 보호하고자 겉에는 알루미늄 재킷이 씌워져 있으며, 누군가 발견한 이가 레코드판에 새겨진 내용들을 꺼내 보고 들을 수 있도록 바늘과 카트리지●●, 그리고 설명서도 함께 넣어 두었습니다.

골든 레코드를 기획하고 준비한 사람들은 인류를 대표할 수 있는 것들이 무엇일지 고심했습니다. 첫 만남에서 외계 생명체가 우리가 살고 있는 이 행성과 인류에게 궁금해 할 법한 것들을 생각했습니다. 보편적이되 좋은 인상을 불러일으킬 수 있는 것, 인류가 이룩한 다양한 문화와 지적 성취를 고루 보여 줄 수 있는 것들로 추렸습니다. 그렇게 1년 가까운 준비 기간을 거쳐 타임캡슐이 완성되었습니다.

타임캡슐에는 우주에서 우리 지구의 위치와 지구의 모습, 태양계 구성원을 소개하는 사진과 그림 들이 실려 있습니다. 그리고 인체 해

● 미국의 천체물리학자이자 천문학자로, 칼 세이건과 함께 외계 지적 생명체 탐사(Search for Extra-Terrestrial Intelligence, SETI) 계획을 이끌었으며, 드레이크 방정식으로도 유명합니다. 드레이크 방정식은 전파 신호를 통해 우리 인류와 의사소통을 할 수 있을 만큼 지적 능력을 갖춘 외계 문명의 수를 계산하기 위해 고안된 방정식입니다.

●● 지금은 드물지만 한때는 흔히 볼 수 있었던 LP판과 비슷한 원리로 작동된다고 생각하면 됩니다. 전축(電蓄, record player) 같은 재생기기 위에 LP판을 올려놓으면 판에 새겨진 홈을 따라 바늘이 움직이면서 기록된 내용을 불러내는 것처럼 말입니다.

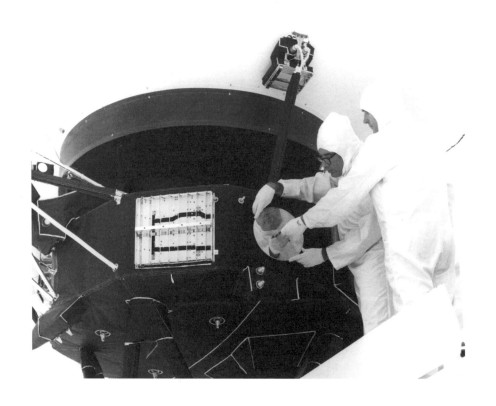

부도와 DNA 구조도, 인류의 다양한 생활상을 보여 주는 사진들도 들어 있고요. 수학과 물리학의 수식, 타지마할이나 금문교 같은 인류의 지적 성취를 가늠케 하는 상징적인 정보도 포함되어 있습니다.

첫 만남에서 인사가 빠질 수는 없겠죠? 언제든 우리 인류는 보이저호와 골든 레코드를 발견한 낯선 존재를 반갑게 맞이할 거라는 표시로 우리말 "안녕하세요."를 비롯해 55개 언어로 된 인사말도 녹음해 두었습니다. 독일어, 프랑스어, 중국어, 인도네시아어, 포르투

갈어 등 갖은 언어로 안부를 묻는 기나긴 행렬의 끝은 당시 여섯 살이던, 칼 세이건의 아들 닉 세이건이 영어로 건네는 인사말, "안녕, 지구의 어린이가 보내Hello from the children of planet Earth."가 장식하고 있습니다.

그리고 코끼리, 하이에나, 귀뚜라미 등 여러 동물과 비바람, 번개, 파도, 화산처럼 지구의 자연 환경이 내는 다채로운 소리들, 베토벤과 바흐, 모차르트 등 인류가 자랑하는 위대한 음악가들이 남긴 교향곡들과 페루, 뉴기니, 나바호 인디언 같은 지금은 얼마 남지 않은 지구 곳곳에서 수집한 민속 음악이 실려 있습니다.

보이저 계획은 애초에 토성을 만날 때까지만 진행될 예정이었습니다. 20년간 작동하리라던 보이저 1호는 예상 수명을 훌쩍 넘겨 지금도 플루토늄 배터리를 이용해 계속해서 성간 우주 어딘가를 여행 중입니다. 인간이 눈으로 확인하지 못한 미지의 세계를 인간을 대신하여 탐험 중인 우주의 개척자, 보이저호가 언젠가 미지의 생명체와 맞닥뜨리게 될까요? 골든 레코드에 실린 우리 인류의 이야기를 귀 기울여 들은 누군가가 골든 레코드를 나침반 삼아 마침내 태양계 안의 이 작고 푸른 행성 지구를 찾아올까요? 바흐의 〈브란덴부르크 협주곡Brandenburg Concertos〉이 들려주는 아름다운 선율에 이끌려 평화를 사랑하는 우주의 어느 종족이 지구를 방문해 우리 인류와 조우할 어떤 날을 상상해 봅니다.

잠들기 전에

수면의 과학

칠흑 같은 어둠 속에서 두 남자가 모습을 드러냅니다. 파리한 얼굴, 덥수룩한 수염, 겉옷까지 갖춰 입었음에도 최소 며칠은 길에서 잠을 잔 듯 꾀죄죄한 몰골. 각자의 오른손에는 조만간 땅바닥으로 내동댕이쳐진데도 전혀 어색하지 않을 만큼 힘없이 등불이 들려 있고 초췌한 얼굴을 조금이라도 가려 보려는 듯 티셔츠에 달린 모자를 머리끝까지 뒤집어쓰고 있습니다. 두 사람은 동굴 속에서 32일을 보내고 이제 막 바깥세상으로 나온 참입니다.

그리스 신화에서 잠의 신 히프노스Hypnos●는 죽음의 신 타나토

   ● 최면술을 뜻하는 단어인 'hypnosis'가 히프노스에서 따온 말입니다. 얼마 전에는 후드 티셔츠의 모자 속에 베개를 넣어 어디서건 편히 잠을 잘 수 있도록 돕는 옷이 개발되었는데, 그 옷 이름 또한 히프노스였습니다.

스Thanatos와 형제지간입니다. 꿈의 신 모르페우스Morpheus가 히프
노스의 아들이지요. 오랫동안 사람들은 잠이 죽음에 가까운 단계
라 생각했습니다. 잠을 자는 동안에는 마치 죽음을 경험하는 듯 뇌
가 활동을 멈추고 우리 몸에서는 아무런 변화가 일어나지 않는다고
믿었습니다. 깨어 있음, 즉 각성의 반대 개념으로서 잠을 나쁜 습관
이라 여기는 사람들도 있었습니다. 잠에 빠져드는 이유에 대해서도
머릿속으로 흐르는 피가 뇌에 압력을 가해서라거나 낮 동안 쌓인
피로 때문이라는 둥 지금 생각하면 말도 안 되는 설명이 수세기 동
안 지지를 받았고요.

　일생의 3분의 1이나 되는 긴 시간을 함께함에도 잠은 오랫동안

잠을 자는 동안 우리 몸과 뇌는
정말 아무것도 하고 있지 않을까요?

신비의 영역으로 남아 있었습니다. 왜 잠을 자는지, 잠을 자지 않는다면 무슨 일이 생길지, 잠을 자는 동안 우리 몸과 뇌는 정말 아무것도 하고 있지 않는지 등 잠과 관련한 그 어떤 질문에도 명쾌한 답은 없었습니다. 답을 찾으려는 시도조차 없었습니다. 20세기 초반 기묘한 잠의 세계에 사로잡혀 자신의 몸을 실험대 위에 직접 올려놓은 한 과학자가 나타나기 전까지 말입니다.

젊은 생리학자 너새니얼 클레이트먼Nathaniel Kleitman은 잠에 흠뻑 빠져 있었습니다. 제대로 설명되지 않은 수면의 실체를 직접 관찰을 통해 과학적이고 체계적으로 파헤쳐 보려 했습니다. 박사 과정 학생이었던 1920년대 초 닷새 동안 잠을 자지 않고 버틴 실험이 클레이트먼이 평생에 걸쳐 진행한 수면 연구의 서막이었습니다. 클레이트먼을 포함한 여러 사람이 실험에 참여해 수십 번이나 잠을 자지 않는 실험을 반복했습니다. 수면 박탈을 최초로 체계적으로 다룬 연구였습니다. 이 실험의 결과로 오랫동안 잠을 설명하는 이론으로 자리 잡고 있던 수면 독소 이론hypnotoxin theory*은 빛을 잃었습니다. 일시적인 수면 박탈이 신체 건강에 심각한 영향을 끼치지 않는다는 사실 또한 증명했고요.** 그리고 1938년, 신문지상에 공개

---

* 낮 동안에 축적된 피로(독소)가 밤잠을 야기하고 잠을 자는 동안 제거된다는 이론입니다. 이 이론에 따르면, 피로가 많이 쌓일수록 잠을 많이 잡니다.

** 그는 100세를 넘어서까지 장수를 했습니다. 수면 박탈 연구뿐만 아니라 오랫동안 수면 연구를 진행하며 잠이 늘 부족했음에도 그가 별 탈 없이 오래 산 데 대해 수면 부족이 인체에 심각한 피해를 초래하지 않는다는 산 증거라 말하는 사람들도 있습니다.

된 흑백 사진으로 후세대 사람들에게까지 '수면 연구', '수면의 과학'을 널리 알리게 될 유명한 '매머드 동굴 실험'을 진행합니다.

클레이트먼은 24시간을 주기로 잠을 자고 잠에서 깨는 '우주의 원리'에 도전장을 내밀기로 했습니다. 태양 빛이 닿지 않는 깊은 동굴 속이라면 임의로 수면 주기를 조절할 수 있지 않을까, 그렇다면 하루 24시간 주기가 우리 인간에게 절대적인 건 아니지 않을까 하는 의문에서 출발한 실험이었지요. 클레이트먼과 또 다른 연구자이자 그의 조수 브루스 리처드슨Bruce Richardson은 바깥세상과 철저히 단절된 채 한 달여를 지내기 위해 켄터키 주에 위치한 매머드 동굴 속으로 들어갔습니다.

너비 18미터, 높이 8미터의 동굴은 잠을 잘 수 있는 철제 침대와 흔들의자, 식탁, 불을 밝힐 등불, 간단하게 씻고 먹을 수 있는 가재도구들로 채워졌습니다. 온도는 섭씨 12도로 일정하게 유지되었고 낮과 밤의 변화를 전혀 인지할 수 없을 만큼 내부는 칠흑 같이 어두웠습니다. 매일 식사를 배달하는 사람 이외에는 단 한 번 사진사가 동굴 숙소를 방문했을 뿐입니다. 온몸을 휘감는 습도, 툭 하면 발밑에 몰려와 시끄럽게 구는 들쥐 가족들과 함께 두 사람은 자신들의 생명 징후vital sigh를 기록하고 책을 읽으며 하루 28시간 주기에 맞춰 생활했습니다. 19시간 깨어 있고 6시간 잠을 자는 주 6일에 적응해 보려 한 것입니다.

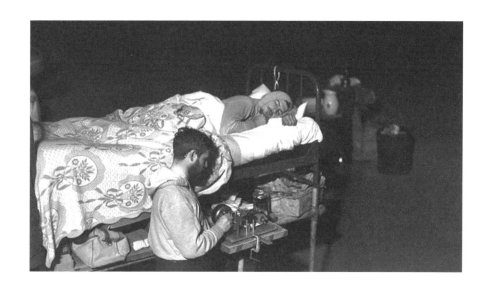

　32일 동안 동굴 속에서 지낸 결과는 어땠을까요? 두 사람 중 리처드슨만이 28시간 주기에 적응하는 데 성공했습니다. 클레이트먼은 평소 주기에 따라야만 잠을 제대로 잘 수가 있었습니다.* 리처드슨 또한 일상으로 돌아오게 되자 곧바로 24시간 수면 주기를 회복했습니다.

　동굴 실험은 우리 인간의 수면 활동이 일주기 리듬을 따르고 있음을 밝혀 주었습니다. 우리 몸은 생각보다 오랫동안, 해가 뜨면 잠에서 깨어나 이런저런 활동들을 하고 날이 저물면 그로 인해 수면 장치가 자극을 받아 잠에 빠져드는 데 익숙해져 있었습니다. 아무리 인공적인 조명이나 시계, 근무 시간과 같은 인간 사회가 만들어

　　● 　클레이트먼은 자신이 새로운 수면 주기에 적응하는 데 실패한 이유로 나이를 꼽았습니다. 리처드슨이 클레이트먼보다 젊었거든요.

낸 장애물로부터 방해 받을지라도 낮과 밤이라는 24시간 주기를 완전히 잊을 수는 없었던 것입니다. 오래전 우리 선조들이 그랬듯이 우리는 여전히 태양의 운행에 따라 잠을 자고 잠에서 깨어납니다.

이후 클레이트먼은 매머드 동굴 실험을 확장해 유아들에게서 수면 주기를 관찰하기도 했습니다. 어린아이들이야말로 외부로부터 간섭 받지 않은 순수한 잠을 자는 존재이며 따라서 24시간 주기가 선천적인지를 확인해 볼 최적의 실험 대상이라 생각했습니다. 침대에다 생체 반응을 기록하는 기계 장치를 부착해 유아 19명의 24시간을, 태어난 지 3주째부터 6개월까지 추적 조사했습니다. 이렇게 탄생한 2873 유아일infant days 자료는 인간의 수면 주기뿐 아니라 유아들이 발달하는 과정과 관련하여 매우 값어치 있는 기초 자료가

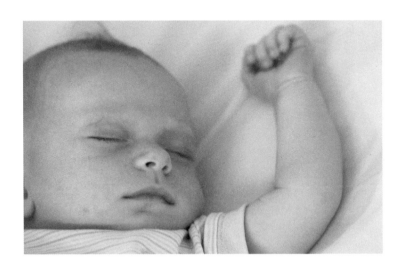

되었습니다.

클레이트먼 이후 일주기 리듬에 관해 보다 깊이 있는 연구들이 진행되었습니다. 우리 뇌의 시상 하부에 있는 시교차상핵suprachias-matic nucleus, SCN이 일종의 생체 시계 역할을 하며, 이 시교차상핵이 하루 중 처음 빛을 인지한 후로 24시간 주기가 시작된다는 사실이 확인되었습니다. 뇌의 송과선pineal glans에서 날이 어두워지면 혈액 속으로 분비하는 멜라토닌이 우리 몸으로 하여금 잠에 빠지게 만든다는 사실도 말이지요. 해외로 나갔을 때 겪게 되는 시차 증후군 또한 오랜 옛날부터 우리 몸에 장착된 이 일주기 리듬 때문이었습니다. 여러 나라를 이동하며 업무를 수행하는 비즈니스맨이나 경기를 치르는 운동선수들, 나아가 우주여행을 준비하는 비행사들에게 시차 부적응이 중요한 문제가 되면서 최근 들어 일주기 리듬 연구가 더욱 활발히 이루어지고 있습니다.

누군가는 쏟아지는 잠을 떨치고자 애를 쓰며, 누군가는 잠이 오질 않아 걱정입니다. 운전 중 졸음으로 인한 교통사고로 수많은 사람이 무고하게 목숨을 잃습니다. 시차 부적응으로 해외 원정 경기를 떠난 운동선수들은 중요한 순간에 실수를 저지르고 맙니다. 수면 무호흡증이나 기면증, 몽유병 등 수면 장애로 고통 받는 사람도 많습니다. 잠은 단지 우리 삶 중 3분의 1이라는 긴 시간을 차지하고 있어서만이 중요한 것은 아닙니다.

24시간 주기의 생체 리듬은
생각보다 우리 몸속 깊이
아로새겨 있습니다.

×10

　'수면 과학의 아버지'로 불리는 클레이트먼은 잠을 연구하기 위해 스스로에게서 잠을 빼앗았습니다. 자신의 몸을 실험 대상으로 지하 동굴뿐 아니라 잠수함과 해가 지지 않는 북극권 등 일주기의 영향을 받지 않을 장소를 찾아다니며 수면 주기에 관한 연구를 진행했습니다. 잠을 자는 동안 혹은 잠에서 깨어난 사람들에게서 벌어지는 일을 관찰하기 위해 잠을 자지 않는 날도 많았습니다.

　기묘한 잠의 세계에 사로잡힌 괴짜 과학자들 덕분에 신화의 영역에 머물러 있던 잠은 20세기 중반을 넘어서며 인간의 영역, 과학의 영역으로 넘어오게 되었습니다. 24시간 주기의 생체 리듬이 생각보다 우리 몸속 깊이 아로새겨 있음을 확인해 주었고요. 잠을 줄이며 잠을 연구한 과학자들 덕분으로 수면의 과학은 탄생했습니다.

내 두 눈을 바라 봐

우리 두 눈은 앞을 향해 있습니다. 머리 앞쪽에 나란히 놓여 항상 같은 방향, 게다가 같은 물체를 바라보고 있지요. 이처럼 두 눈이 함께 사물을 관찰할 수 있는 시각 형태를 양안시兩眼視. binocular vision라고 합니다. 그에 반해 두 눈이 제각기 움직이며 서로 다른 곳을 바라볼 수 있는 눈은 단안시單眼視. Monocular vision라고 합니다.

두 눈의 위치나 그에 따른 시각 형태는 해당 동물의 생존에 직결되는 매우 중요한 문제입니다. 인간을 포함한 영장류와 먹이 사슬에서 포식자의 위치를 차지하고 있는 동물들이 대개 양안시를, 피식자의 위치에 있는 동물들이 단안시를 보이는 이유가 바로 여기에 있습니다.

두 눈의 위치나 그에 따른 시각 형태는
해당 동물의 생존에 직결되는
매우 중요한 문제입니다.

　토끼나 영양 같은 초식동물은 두 눈이 머리 양옆에 달려 있어 넓은 각도에서 거의 모든 방향을 바라볼 수 있습니다. 언제 어디서 나타날지 모르는 포식자를 감시하는 데 제격이지요. 초원에서 한가로이 풀을 뜯고 있는 토끼를 만져 보겠다고 슬그머니 뒤에서 다가가 봤자 헛일입니다. 앞뒤 모두 볼 수 있는 파노라마 시각panoramic vision 덕분에 녀석들은 금세 낌새를 알아채고 재빨리 달아나 버리니까요.

　그에 반해 육식동물은 머리 앞쪽에 몰려 있는 두 눈으로 주변을 넓게 보지는 못할지언정 목표물의 정확한 위치와 목표물, 즉 먹잇감에 도달하기까지의 거리를 측정할 수 있습니다. 뒤를 볼 수 있는 능력을 포기한 대신 '깊이를 보는 능력', 스테레오 시각stereon vision을 얻은 셈입니다. 먹잇감이 이동하는 방향을 내다볼 수 있는 것은 물론입니다.

우리 인류 또한 양안시 덕분에 주변을 입체적으로 볼 수 있습니다. 두 눈 사이 거리(대개 7센티미터 정도)로 인해 각각의 망막에 맺히는 상이 차이를 보이고, 이 같은 차이는 관찰 대상에 깊이감을 부여합니다. 3차원으로 세상을 인식할 수 있는 것이지요. 뿐만 아니라 두 눈에 맺힌 서로 다른 이미지가 하나의 양안 이미지로 합쳐지면서 사물을 투시할 수 있는 일종의 엑스레이 능력까지 얻게 되었습니다.

투시 능력이라니 슈퍼맨도 아니고 무슨 뚱딴지같은 소리인가 싶겠지만, 주변에 있는 아무 펜이든 들어 코앞에 수직으로 세워 보세요. 그리고는 왼쪽 눈과 오른쪽 눈을 번갈아 감았다 떠 보세요. 왼쪽 눈만으로 펜을 바라보면 원래는 코앞 정중앙에 있는 펜이 살짝 오른쪽으로 치우쳐진 위치에 있으면서 펜 뒤 배경이 전혀 보이질 않습니다. 오른쪽 눈만으로 보면 펜이 왼쪽으로 치우쳐진 위치에 있으면서 마찬가지로 펜 너머에 보이지 않는 영역이 생기지요. 하지만 두 눈을 다 뜨고 바라보면 펜은 원래 위치인 정중앙에 있되 마치 투명 펜이 된 것처럼 펜 너머에 있는 것들이 모두 보입니다. 이게 바

• 잎이 무성한 나무들로 가득한 숲 지대나, 웃자란 풀숲 등 어수선한 환경에서 살아가는 동물들에게 눈앞에 나타난 장애물을 투시해 그 너머까지 볼 수 있는 엑스레이 시각 능력은 큰 도움이 되었을 겁니다.

로 엑스레이 능력입니다.*

우리는 두 눈이 양옆이 아닌 앞을 향해 있는 덕분에 (비록 뒤를 볼 수 없다는 아쉬움은 있지만) 세상을 3차원으로 바라볼 수 있습니다. 게다가 하나의 대상에 초점을 맞출 수 있음으로써 얼굴과 얼굴을 마주한 채 서로의 눈을 바라보고 의사소통을 하는 것이 가능해졌습니다. 보다 친밀한 관계를 맺을 수 있게 된 것은 물론이구요.

꿈의 발견

잠은 크게 렘수면REM sleep과 비렘수면non REM sleep으로 나뉩니다. 비렘수면은 다시 네 단계로 나눠져 렘수면과 함께 총 다섯 단계가 90분을 주기로 반복이 됩니다. 렘수면 동안에는 깨어 있을 때와 마찬가지로 뇌가 활발하게 활동을 하며, 대부분 이 단계에서 꿈을 꿉니다. 그래서 보통 렘수면을 얕은 잠, 비렘수면을 깊은 잠이라고 일컫습니다.

렘수면의 발견은 수면 과학의 역사에서 매우 중요한 사건이었습니다. 잠을 자는 동안에는 뇌가 아무런 활동을 하지 않을 것이라는 그간의 통념을 뒤엎었으며, 꿈의 실체에 과학적으로 접근하는 계기가 되었습니다. 수면이 하나의 균질한 덩어리가 아니라는 사실, 그

잠을 자는 동안 뇌에서는
어떤 일이 일어날까요?

중 렘수면이라는 독특한 단계가 있다는 사실을 발견한 배경에도 '수면 과학의 아버지' 너새니얼 클레이트먼과 그의 수면 연구실이 있었습니다.

클레이트먼은 유아들의 수면 주기를 연구하는 과정에서 당시 대학원생이었던 유진 아제린스키Eugene Aserinsky를 끌어들였습니다. 한 과학자가 잠이 들면 눈 깜박거림이 갑자기 멈춘다고 보고한 논문을 읽은 후 이 '눈 깜박 가설'을 유아들을 대상으로 면밀히 검토해 볼 것을 아제린스키에게 제안했습니다. 클레이트먼은 잠이 들면 눈 깜박거림이 서서히 멈출 것이라 생각했습니다.

아제린스키는 아이들이 잠에 빠지자마자 눈꺼풀 아래에서 눈동자가 빠르게 움직이는 모습을 관찰했습니다. 하지만 유아들을 대상으로 한 연구 프로젝트가 곧 끝이 나는 바람에 더 이상 연구에 진척을 이룰 수가 없었습니다. 새로운 대상을 찾아 실험실에 있는 낡은 안전도electrooculogram, 眼電圖*를 가지고 연구해 보고 싶었지만 그러려면 먼저 이 고물 장치가 제대로 작동하는지 시험해 봐야 했습니다. 당시 여덟 살이던 아들이 연구실로 불려왔습니다. 그리고 안전도를 부착한 상태에서 잠을 자는 아들을 밤샘 관찰하는 동안 '급속 안구 운동Rapid Eye Movement', 즉 렘수면이라는 수면의 단계를 최초로 발견하게 됩니다.

이어 아제린스키는 안전도와 뇌전도electroencephalogram, 腦電圖**를

---

* 안구 운동을 기록하는 데 사용하는 기계입니다.

** 뇌파를 기록하는 장치입니다.

모두 사용한 상태에서 성인들의 수면을 관찰하여 렘수면과 꿈의 상관성에 대해서도 최초로 가능성을 제기하였습니다. 급속 안구 운동 주기에 있을 때와 그렇지 않을 때 모두, 잠자는 사람들을 깨워 꿈을 꿨는지, 어떤 내용의 꿈이었는지를 물어본 결과, 급속 안구 운동 주기에 있던 사람의 75퍼센트가 꿈을 자세히 기억해 냈습니다. 안구 휴지기 도중에 깬 사람들은 17퍼센트 미만으로 꿈을 기억했고요.

이후 클레이트먼과 다른 사람들의 후속 연구로 렘수면 단계에서 주로 꿈을 꾼다는 사실과 다섯 가지 수면 단계에 대해 보다 자세한 내용들이 밝혀졌습니다. 갓 태어난 아이는 수면 시간의 80퍼센트 정도를 렘수면으로 보내며, 자라면서는 렘수면이 서서히 줄어들어 어른이 되면 약 20~25퍼센트를 차지한다는 것, 수면의 후반부로

갈수록 렘수면의 비율이 높아진다는 사실 등등을 말이지요. 아침에 일어났는데 마치 방금 겪은 일처럼 생생하게 꿈의 내용이 기억 나시나요? 그렇다면, 여러분은 렘수면의 존재를 어젯밤 직접 체험한 것입니다.

바닷속 여행을 떠난 사람들

"사실 바닷속 가장 깊은 곳에 무엇이 있는지 우리는 아무것도 알지 못한다. 수심 측정을 위해 추를 달아 내려보냈지만 아직 밑바닥까지 닿지 못했다. 그 깊고 깊은 바닷속 밑바닥에서는 무슨 일이 일어나고 있는 것일까? 수심 20킬로미터 내지 25킬로미터 되는 곳에는 어떤 생물들이 살고 있을까, 아니 살 수 있을까? 그 동물들은 어떤 유기체일까? 우리는 짐작조차 할 수 없다."

— 쥘 베른, 《해저 2만 리》

1866년, 해안 도시들에 흉흉한 소문이 들려오기 시작합니다. 대양으로 항해를 나갔던 선박들이 엄청나게 빠르고 놀랄 만큼 강한

바다 깊은 곳이 어떤 모습인지,
그곳에서는 어떤 생물들이 살아가고 있는지를
우리 인간이 전혀 알지 못하던 시대에,
심해는 무한한 상상력과 호기심을 자극했습니다.

힘으로 이동하는 괴물을 바다 한가운데에서 목격했다고 말이지요. 개중에는 실제로 피해를 입고 돌아온 배들도 있었습니다. 이내 괴물의 정체를 둘러싸고 일각고래일 거라는 둥, 전설 속의 크라켄 Kraken*이나 대왕오징어, 바다뱀일 거라는 둥 갑론을박이 펼쳐졌습니다. 어쩌면 인간이 전혀 상상도 해 보지 못한 기괴한 해양 생물일지도 몰랐습니다. 결국 괴물을 사냥하기 위한 원정대가 꾸려지고, 프랑스 출신의 박물학자 피에르 아로낙스 박사가 원정대에 합류하면서 《해저 2만 리Vingt Mille Lieues Sous Les Mers》의 모험이 본격적으로 시작됩니다.

쥘 베른Jules Verne의 소설 《해저 2만 리》는 바다 깊은 곳이 어떤 모습인지, 그곳에서는 어떤 생물들이 살아가고 있는지를 우리 인간이 전혀 알지 못하던 시대에 심해 세계를 탐험하는 내용을 담아 큰 인기를 끌었습니다. 직접 눈으로 보지 못한 만큼 심해는 무한한 상상력과 호기심을 자극했습니다. 지구상에 존재하는 그 어떤 생물보다 크고 힘세고 무시무시한 괴물이 산다고 해도 이상할 것이 없었습니다. 어쩌면 땅 위에서는 멸종한 공룡 시대의 종들이 활개를 치고 다닐지도 몰랐고요.

많은 사람이 해저에 펼쳐져 있을 미지의 세상에 매료되었습니다. 노틸러스호를 타고 심해를 누빈 《해저 2만 리》 속 니모 선장처럼 자유롭게 바다 밑을 여행하길 꿈꾸었습니다. 상상 속에서나 존재하던

● 노르웨이와 그린란드 등 북극 지역 바다에 살고 있는 것으로 전해져 내려오는 거대 괴물입니다.

새로운 해양 생물을 발견하고 관찰하고 기록할 수 있기를 희망했습니다. 그리고 몇몇 용기 있는 사람이 햇빛이라곤 전혀 닿지 않는 철저한 암흑과 온몸을 바스라뜨릴 듯이 내리누르는 엄청난 압력, 극심한 저온과 같은 극한의 환경에 도전하며 바다 깊은 곳으로 떠났습니다. 니모 선장이 직접 설계한 노틸러스호에 몸을 실었듯이 잠수함을 개발해서 말입니다.

최초의 잠수함은 영국 왕 제임스 1세 재위 시절 왕실 발명가로 있었던 네덜란드인 코넬리우스 드뢰벨Cornelius Drebbel이 만든 것으로 추정됩니다. 정확한 설계도는 남아 있지 않지만 배를 닮은 나무로 된 틀 위에다 가죽을 씌워서 물이 내부로 스며들지 않게 했으며, 안

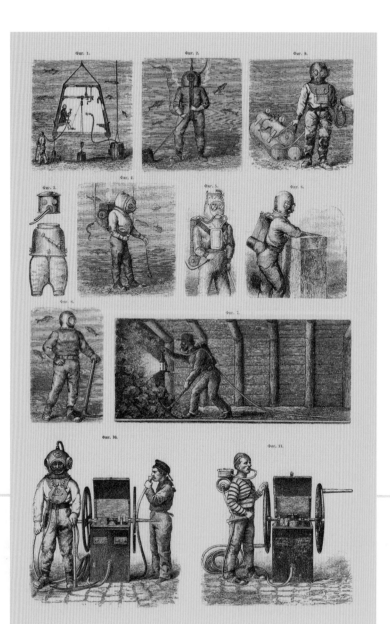

에 탄 사람들이 노를 저어 움직였다고 합니다. 1620년에서 1624년 사이 템스 강에서 몇 번의 시험 끝에 수면 아래 4~5미터 깊이에서 세 시간 동안 잠수에 성공한 것으로 전해지고 있습니다.

오늘날과 비슷한 형태의 잠수함을 타고 심해 세계를 처음으로 탐험한 이들은 미국의 탐험가이자 생물학자 윌리엄 비비William Beebe와 기계공학자 오티스 바턴Otis Barton이었습니다. 19세기 후반에서 20세기 초반은 사람들이 배에 실린 공기통과 줄로 연결된 헬멧을 쓰고 얕은 바닷속을 돌아다니는 것이 가능해진 시기였습니다. 비비 또한 외부로부터 공기를 주입 받으며 갈라파고스 제도 앞바다 속 해양 생물을 직접 관찰하기도 했습니다.

하지만 비비는 보다 깊은 곳으로 들어가 보고 싶었습니다. 심해 생물에 대해 연구하고 싶었지만 바다 속에서 생물을 그물로 잡아 올리다 보면 도중에 죽어 버리는 경우가 많았습니다. 그때까지 수 심 160미터 아래로 내려갔다가 살아 돌아온 사람은 없었지만 비비 는 그보다 깊이 내려갈 꿈을 꾸었습니다. 그리고 바턴과 함께 무게 2.5톤에 벽 두께 3.8센티미터, 직경 1.5미터의 소형 잠수정 '배시스 피어호Bathysphere'*를 개발했습니다. 어마어마한 수압도 견딜 수 있 는 단단한 강철로 된 잠수정이었습니다.

1934년 8월 15일, 비비와 바턴은 동그란 배시스피어호를 타고 낯 선 세상 속으로 첨벙 뛰어들었습니다. 버뮤다 섬 근처 대서양 아래

•   그리스어로 '깊고' '둥글다'는 뜻입니다.

오늘날과 비슷한 형태의 잠수함을 타고
심해 세계를 처음으로 탐험한 이들은
미국의 탐험가이자 생물학자 윌리엄 비비와
기계공학자 오티스 바턴이었습니다.

로 천천히, 천천히 내려간 배시스피어호는 배와 연결된 철제 밧줄을 최대로 늘어뜨려 수심 923미터까지 도달했습니다. 잠수정 위로 켜 켜이 쌓인 바닷물이 600여 킬로그램의 무게로 두 사람을 짓눌렀지 만 다행히도 잠수정은 아무런 이상 징후 없이 잘 버텨 주었습니다.

잠수정 전면부에는 밖을 내다볼 수 있도록 세 개의 동그란 유리 창이 나 있었고 창 안쪽에는 제너럴일렉트릭 사의 전등이 밖을 향 해 달려 있어 어두운 바닷속을 환히 비춰 주었습니다. 벨연구소에 서 제공한 최신 통신 시스템 덕분에 수면 위 배에서 대기 중인 사람 들과 잠수정 안에 있는 두 사람이 수시로 서로의 안전을 확인하고 지시 사항을 전달할 수 있었습니다.

칠흑처럼 캄캄한, 어디서도 본 적 없는 새로운 우주가 두 사람 앞 에 펼쳐졌습니다. 비비는 깊은 바닷속을 "화성만큼 기이한 세계"라 고 묘사했습니다. 괴상하게 생긴 생명체들이 깜박깜박 빛을 뿜으며 이리저리 헤엄쳐 다니고 몸길이가 6미터도 족히 넘는 길고도 거대 한 동물이 잠수정 곁을 미끄러지듯 스치며 지나갔습니다.

비비는 조그만 창을 통해 내다보는 어둠 속 세계와 난생 처음 보 는 생명체들이 두렵기도 했지만 차오르는 호기심을 억누를 수는 없 었습니다. 맨눈으로 직접 심해 생물을, 그것도 그들이 생활하고 있 는 서식지에서 살아 있는 상태로 관찰할 수 있는 절호의 기회였습 니다.● 비비는 잠수정을 타고 있는 동안 처음으로 발견한 심해 해양 생물들을 자세히 기록하고 나중에는 그중 몇몇 종에 이름을 붙여 주기도 했습니다.

"나는 지금 아무도 내려와 본 적 없는 깊은 바닷속에 있다. 내 인생에서 가장 멋진 순간이다."

— 윌리엄 비비

비비와 바턴은 자신들이 만든 잠수정을 타고 심해 세계를 탐험하며, 인간의 눈으로 직접 깊은 바닷속을 관찰하고 심해 생물을 연구한, 인류 최초의 진짜 '니모 선장'이 되었습니다. 그리고 그들을 따라 수많은 해양학자와 생물학자가 20세기 내내 더욱 좋아진 기술력으로 보강한 잠수정에 몸을 싣고 더 깊이, 더 새로운 세계를 여행한 결과, 지상에서 볼 수 없는 진기하고 매력적인 모습의 수많은 심해 생물을 만날 수 있게 되었고 말입니다. 《해저 2만 리》가 펼쳐 보인 바닷속 세계보다 더욱 다채롭고 더욱 풍요로운 생태계가 심해저에서 우리를 기다리고 있었습니다.

● 실제로 생활하고 있는 생태계 안에서 생물을 관찰하고 이해해야 한다는 비비의 주장은 당시로서는 매우 새로운 것이었습니다. 해양학뿐만 아니라 생태학에서도 비비가 개척자로 일컬어지고 있는 이유가 바로 이 때문이지요. 에드워드 윌슨(Edward O. Wilson)이나 에른스트 마이어(Ernst Mayr) 같은 최고의 생물학자들이 비비에게서 영향을 받았다고 이야기한 바 있으며, 레이철 카슨(Rachel Carson)은 그녀의 책 《우리를 둘러싼 바다 The Sea Around Us》를 비비에게 헌정하기도 했습니다.

제임스 카메론의 심해 탐사

최근 영화감독 제임스 카메론James Cameron이 심해 탐사에 나서 화제를 불러일으켰습니다. 영화 〈타이타닉Titanic〉으로 아카데미 감독상을 비롯하여 11개 부문 상을 휩쓸고, 〈아바타Avatar〉로 1000만 관객을 불러 모은 영화감독, 네, 그 제임스 카메론이 맞습니다.

카메론은 2012년 3월, 과학자와 공학자로 이루어진 수십 명의 연구진이 지켜보는 가운데 지구상에서 가장 깊은 바다인, 북태평양 마리아나 해구Mariana Trench 최심부 챌린저 해연Challenger Deep을 탐험하고 무사히 돌아왔습니다. 1960년 1월, 스위스의 해양학자 자크 피카르Jacques Piccard와 미국 해군의 돈 월시Don Walsh 중위를 태운 트리에스테호Trieste가 유인 잠수정으로서는 처음으로 챌린저 해연에

도달한 후 50여 년 만이었습니다. 수심 11킬로미터 아래까지 홀로 잠수한 최초의 기록을 세우고서 말이지요.

카메론이 설계에서부터 참여했던 1인 잠수정의 이름은 '딥씨챌린저호Deepsea Challenger'였습니다. 카메론보다 140년 먼저 영국의 박물학자 찰스 와이빌 톰슨Charles Wyville Thomson이 영국 군함 챌린저호HMS Challenger를 이끌고 해수면에서 챌린저 해연의 존재를 밝혔다는 사실에 비추면, 카메론은 훨씬 더 향상된 '심해용' 챌린저호*를 타고 직접 해저로 내려가 해연의 비밀을 풀 예정이었습니다.

총 3000만 달러가 투입돼 7년 여간 진행된 이 프로젝트의 꽃, 딥

씨챌린저호는 전체 7.3미터 길이에, 내부 직경 1.1미터, 114메가파스칼(약 1,125기압)까지 견딜 수 있는 64밀리미터 두께의 강철 벽으로 만들어졌습니다. 기다란 어뢰처럼 생긴 잠수정 하단에는 로봇 팔이 장착돼 있어 심해저에서 흙이나 작은 돌, 유기물, 해양 생물 표본을 채취할 수 있었으며, 한 치 앞도 보이지 않는 깊은 바닷속을 환히 밝혀 줄 2.5미터 크기의 LED조명 판이 달려 있었습니다.

무엇보다 카메론의 챌린저 탐사를 특별하게 만들어 준 것은 3D 카메라였습니다. 딥씨챌린저호에 부착해 심해 세계를 3차원 영상으로 풍부하게 담아 올 자료는 그동안 무인 잠수정들이 몇 차례 찍어

　　　●　'deepsea'가 곧 심해를 뜻합니다.

카메론이 설계에서부터 참여했던
1인 잠수정의 이름은
'딥씨챌린저호'였습니다.

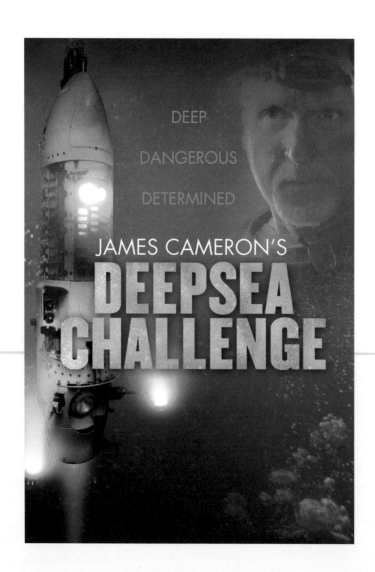

DEEP

DANGEROUS

DETERMINED

JAMES CAMERON'S
DEEPSEA
CHALLENGE

×10

왔던 영상물들보다 훨씬 더 다채로운 볼거리를 제공해 줄 것으로 기대되었습니다. 제한된 심해 생태계를 가까이에서 살펴볼 수 있는 연구 자료로서도 가치 있으리라 생각되었고요.**

마리아나 해구 탐사가 끝난 지 1년이 되던 해 카메론은 딥씨챌린 저호를 우드홀해양학기관Woods Hole Oceanographic Institution, WHOI에 기증했습니다. 향후 해양 과학 및 잠수 관련 설비 연구에 도움이 되길 바라면서 말입니다. 2시간 36분에 걸쳐 지구 가장 깊은 곳에 도달해 총 일곱 여 시간 동안 심해저를 탐험한 카메론의 모험은 아직 끝나지 않았습니다. 카메론의 심해 사랑이 열두 살 어린 시절 처음 잠수정을 보았을 때로 거슬러 올라가, 이후 영화 〈어비스The Abyss〉 와 〈타이타닉〉을 거쳐 챌린저 해연 탐사로 이어져 왔다는 사실을 보더라도 그의 탐사 여행은 당분간 계속될 것 같습니다.

●● 딥씨챌린저호가 담아 온 영상은 2014년 8월, 〈딥씨챌린지 3D(Deepsea Challenge 3D)〉라는 다큐멘터리 영화로 일반에 공개되었습니다.

안녕, 명왕성

2015년 7월 14일, 모두가 머나먼 태양계 끄트머리에서 들려올 소식을 기다리고 있었습니다. 1969년 7월, 전 세계인이 흑백텔레비전 앞에 앉아 아폴로 우주선이 달에 착륙하는 장면을 지켜보았듯이, 2015년의 사람들은 SNS에 모여 실시간으로 올라오는 소식에 귀를 기울였습니다. 협정 세계시universal time coordinated, UTC로 오전 11시 49분, 드디어 소식이 날아왔습니다.

2006년 1월, 지구를 출발해 시속 4만 9600킬로미터로 우주를 여행한 뉴호라이즌스호New Horizons가 9년 6개월 만에 명왕성에 가장 가까이 다가갔습니다. 이 순간을 함께하기 위해 '#plutoflyby●'라는 태그tag●●를 달고, 이 계획에 참여한 과학자들뿐 아니라 수많은 사람이 SNS 공간 안에서 뉴호라이즌스호를 응원하고 명왕성을 환영하는 인사말들을 남겼습니다. "안녕, 명왕성!", "반가워, 명왕성!"이라는 지구인들의 인사에 화답하듯 명왕성은 하트 문양을 품은 모습으로 강렬한 첫 인상을 전해 주었고 말이지요.

56억 7000만 킬로미터 떨어진 곳에서 들려온 소식에 사람들이 열광한 데에는 단지 명왕성이 이미 오래전부터 우리에게 알려져 있었음에도 자세한 얼굴을 공개하지 않은 천체라는 것 외에 또 다른 이유가 있었습니다.••• 처음 발견되었을 때만 해도 태양계의 행성planet 가족으로 대우를 받았지만 몇 십 년이 흐른 후 행성의 지위를 박탈당하고 왜소 행성矮小行星. dwarf planet으로 강등되고 만 비운의 천체이기 때문입니다.

명왕성은 1930년 미국의 천문학자 클라이드 톰보Clyde Tombaugh에 의해 처음 발견이 되었습니다.•••• 원래 농부였던 톰보는 농사짓는 데 쓰던 장비들을 가지고 자신만의 망원경을 개발하여 화성과 목성 등을 관측하였습니다. 어떻게 하면 더 좋은 망원경을 만들 수

• flyby는 '근접 통과'를 의미합니다.

•• 관심 있는 정보를 검색하기 위한 목적으로, 또는 공동의 관심사를 나타내려는 목적으로 특정 단어를 키워드로 삼는 걸 뜻합니다.

••• 태양을 중심으로 타원형 궤도를 돌고 있는 명왕성은 지구와의 거리가 가장 가까울 때가 약 43억 킬로미터, 가장 멀 때가 약 75억 킬로미터에 이릅니다. 지구에서 태양까지의 거리보다 30배나 먼 거리입니다. 이처럼 멀리 떨어져 있기에 지구에서 명왕성의 모습을 자세히 관찰하거나 촬영하기는 어렵습니다.

•••• 뉴호라이즌스호에는 1997년 사망한 클라이드 톰보의 시신을 화장한 재가 담긴 작은 단지가 실려 있습니다.

명왕성은
2006년 국제천문학회에서 다수결을 거쳐
76년간 누려 왔던 행성의 자리에서
물러나게 되었습니다.

있을까 고민하다 로웰 천문대Lowell Observatory에 자문을 구했고 톰보가 찍은 천체 사진들을 마음에 들어 한 천문대 측에서 그에게 함께 일할 것을 권유하면서 톰보는 직업 천문학자의 길로 들어서게 되었습니다.

태양계 행성 중 가장 마지막으로, 게다가 미국인이 발견한 유일한 행성이었기에 명왕성은 특히 미국인들 사이에서 큰 사랑을 받았습니다. 월트 디즈니Walt Disney가 1930년대에 선보인, 미키 마우스의 애완견 '플루토' 또한 명왕성에서 영감을 받았을 정도로 당시 명왕성의 인기는 엄청났습니다.

사이언스 라디오

발견 당시에도 명왕성은 다른 태양계 행성들에 비해 크기가 작고 공전 궤도가 남달라서 과연 같은 행성으로 묶을 수 있을까, 의문을 제기하는 학자들이 있었습니다. 지름이 2,300킬로미터 정도로 달보다도 작은 크기인데다 가까운 위성와도 별 차이가 나질 않았습니다. 행성들이 독자적인 공전 궤도를 갖고 있는 데 반해 명왕성은 이웃한 다른 왜소 행성들과 공전 궤도를 공유하고 있었고요. 게다가 표면은 돌과 얼음으로 이뤄져 있어 암석형 행성(수성, 금성, 지구, 화성)과도, 가스형 행성(목성, 토성, 천왕성, 해왕성)과도 달랐습니다.

결정적인 사실은 뉴호라이즌스호가 태양계의 아홉 번째 행성인 명왕성을 탐사하는 임무를 띠고 발사되기 불과 2주일 전에 찾아왔습니다. 명왕성의 궤도 밖에 있는 카이퍼대Kuiper belt에서 명왕성보다 30퍼센트가량 큰 왜소 행성 에리스Eris가 발견된 것입니다. 명왕성보다 큰 천체가 등장함으로써 에리스가 태양계의 열 번째 행성이 되느냐, 명왕성이 에리스와 함께 왜소 행성이 되느냐를 놓고 논란이 벌어졌고, 결국 2006년 국제천문학회International Astronomical Union, IAU에서 다수결을 거쳐 명왕성은 76년간 누려 왔던 행성의 자리에서 물러나게 되었습니다.

명왕성의 강등에 일반인들은 상심했고 거리로 나와 항의 시위를 벌이기도 했습니다. "크기가 중요한 게 아니다.", "다음은 천왕성이냐?", "명왕성에게 한 번 더 기회를 줘라."는 문구가 적힌 피켓을 들

고 명왕성의 행성 지위에 반대한 과학자들과 표결 결과에 반발했습니다. 천문학계에서도 논란은 계속되었습니다. 2014년에는 하버드 스미소니언천체물리학센터Harvard-Smithsonian Center for Astrophysics에서 과학자들이 모여 비공식적으로 '명왕성이 행성'이라는 데 찬성하기도 했습니다.

사람들은 태양계 가장자리 자그마한 얼음 행성이 들려줄 이야기에 귀를 기울이고 있습니다. 어쩌면 1세기 만에 다시 이름을 되찾은

쥐라기 공룡 브론토사우루스*Brontosaurus*처럼,• 명왕성의 맨얼굴을 속속들이 보고 나면 다시 태양계의 우리 행성 가족이 될지도 모른다는 희망을 살짝은 품고서 말이지요.

하지만 명왕성이 영원히 왜소 행성으로 남게 될지라도 아마 이제는 누구 하나 서운해 할 이가 없을 것 같습니다. 2015년 한 해 명왕성이 누린 인기는 태양계 어느 행성보다 컸습니다. 아폴로호가 달을 착륙한 그때만큼 사람들은 열광했으며 뉴호라이즌스호가 네 시간 넘게 걸려 건네주는•• 사진 한 장 한 장에 환호했습니다. 《뉴욕타임스》에서는 '2015년의 10대 과학 뉴스' 1위에 명왕성 탐사를 꼽았으며 《사이언스*Science*》가 네티즌 투표로 선정한 '2015년의 과학기술 1위'에는 뉴호라이즌스 호가 올랐습니다. 예산 부족으로 중단됐던 명왕성 탐사 계획을 부활시킨 앨런 스턴Alan Stern NASA 책임연구원은 《네이처*Nature*》가 꼽은 2015년을 빛낸 과학계 인물 열 명안에 들었고요. 그리고 2016년 미국에서는 우표 속에 명왕성의 모습을 담아 전 국민이 명왕성을 가까이서 바라보고 명왕성 탐사를 축하할 수 있게 만들었습니다.

• 1879년 화석이 발견되어 브론토사우루스라는 이름이 붙여진 지 얼마 지나지 않아 이 공룡은 아파토사우루스(*Apatosaurus*)라는 다른 초식 공룡에 편입이 되었습니다. 이름이 완전히 사라져 버린 것이지요. 하지만 최근 15년간 새롭게 발견된 화석들로 고생물학자들이 면밀히 연구한 결과, 지난 2015년 봄, 아파토사우루스와 브론토사우루스는 서로 다른 공룡이라는 발표를 내놓았습니다.

•• 명왕성과의 머나먼 거리와 데이터 전송 속도가 느린 탓에 작은 용량의 사진 한 장을 받는 데도 최소 네 시간 이상이 걸린다고 합니다. 2015년 7월에 뉴호라이즌스호가 촬영한 사진을 모두 받는 데에는 1년여가 걸릴 것으로 추정하고 있습니다.

클로징 사이언스

요하네스 케플러는 홀로 고달픈 싸움을 치르고 있었습니다. 그보다 몇 십 년 앞서 코페르니쿠스가 제안한 지동설을 이어 받은 케플러는 우주의 중심에는 태양이 위치하며 지구를 비롯한 다른 행성들이 태양 주변을 타원 궤도를 그리며 돈다는 '케플러의 제1법칙'을 막 내놓은 참이었습니다. 천체들이 완전한 원 운동을 한다고, 그러니까 행성이 원형의 궤도를 따라 움직인다고 믿고 있던 당시 사람들에게는 무척 충격적인 이야기였을 것입니다. 게다가 여전히 지구가 우주의 중심에 있다고 굳게 믿는 사람들도 많았습니다.

케플러의 법칙은 간단명료했지만, 아직 새로운 제안을 받아들일 준비가 되어 있지 않은 사람들에게 난생 처음 듣는 개념을 이해시키는 일은 무척 고달픈 작업이었습니다. 때로는 궤도가 무엇인지, 타원형이 무엇인지, 공전이 무엇인지 차근차근 짚어 가며 설명하는 과정이 필요하기도 했지요. 과학자 사회를 넘어 보다 널리, 일반인들에게까지 과학을 소개하고 전달하는 일이 결코 만만치 않음을 뚜렷이 보여 주는 이 상황을, 케플러와 마찬가지로 독일 출신의 수학자, 물리학자였던 에른스트 페터 피셔Ernst Peter Fischer는 '케플러의 난제Kepler's Problem'라 불렀습니다.

'케플러의 난제'는 오늘날에도 대중과 소통하려는 많은 과학자, 과학 전문 기자 들이 일상적으로 겪는 동시에 해결하려 애쓰고 있는 문제입니다. 새로운 발견이나 새로운 개념, 과학적 사실을 전달하고자 글을 쓰거나 강연을 할 때면 어김없이 불쑥불쑥 맞닥뜨리는 이 난제를 풀기 위해 수많은 은유와 그래프와 그림 등이 등장했습니다.• 에른스트 페터 피셔와 프리먼 존 다이슨Freeman John Dyson 같은 과학자들은 인물에 관해 이야기하는 것을 한 가지 방법으로 꼽기도 했습니다. 특정 과학 이론이나 개념을 처음 발견해 낸 사람들의 이야기, 궁금증의 답을 찾고자 끊임없이 탐구한 사람들의 이야기를 통해 일반인들이 과학자들 곁으로 보다 가까이 다가가면 과학에 대한 흥미와 관심을 일깨울 수 있으리라고 말입니다.

저 또한 오랫동안 과학 책을 만들며 '케플러의 난제'를 해결할 방법을 찾아 헤맸던 것 같습니다. 아직 과학을 잘 모르는 조카들, 대략적으로는 알지만 관심은 그다지 없는 친구들, 그리고 보다 넓게는 제가 기획하고 편집한 책을 읽을 미래의 독자들에게 과학이란 얼마나 재미있는 이야깃거리인지를 들려주고자 나름으로 노력했습니다. 네, 제게 과학은 이야깃거리입니다. 할머니가 군고구마를 구우며 들려주는 이야기와 별 다르지 않은 이야기, 어쩌면 대대손손 전

• 2016년 노벨 물리학상 발표장에서는 위상 수학을 설명하기 위해 프레츨과 베이글, 시나몬번, 세 종류의 빵이 등장하기도 했습니다.

해 내려오는 옛날이야기보다 더 흥미진진한 이야기, 때로는 그 어떤 소설보다 더 소설 같고, 영화보다 더 영화 같은 이야기.

과학의 역사에서 혹은 과학을 이해하는 데 정말 중요한 개념이나 이론, 과학적 성취나 통찰은 이 책에 등장하지 않을지도 모릅니다. 하지만 부디 많은 분들이 과학 속에도 재미난 이야기들이 가득하다는 사실을 이 책을 통해 알게 되고, 과학의 이야기를 즐기게 되어, 앞으로 보다 더 과학에 관심을 갖고 귀를 기울이게 되길 바랍니다.

"진실은 어떤 신화보다, 허구의 미스터리보다, 기적보다 더 마법적이다.

마법이라는 단어가 지닐 수 있는 가장 훌륭하고 흥미로운 의미에서 말이다.

과학에는 고유의 마법이 있다.

현실의 마법."

— 리처드 도킨스

감사의 말

이 책을 준비하며 글을 읽고 정리하고 쓰는 내내 정말 즐겁고 행복했습니다. 한 가지 주제 혹은 궁금증이 떠오를 때면 여러 책과 인터넷을 시간 가는 줄 모르고 뒤적이며 돌아다녔고, 그 과정에서 지금은 사라지고 없는 과학자들의 삶 속에 불쑥 뛰어들어 그들과 사랑에 빠지기도 했습니다. 가장 감사해야 할 분들은 역시 지구상의 모든 과학자들입니다. 과거에도, 그리고 지금도 곳곳에서 열심히 연구에 매진하며 새로운 과학적 발견을 이뤄 내고 있는 과학자들이 있기에, 그리고 그들의 성과를 기사로 책으로 만나 볼 수 있기에, 이 모든 이야기를 시작할 수 있었습니다.

과학을 내용으로 한 글쓰기를 독려해 준 휴머니스트의 임은선 편집자에게 감사의 말을 전합니다. 함께 과학 책을 만드는 동료이자 친구로 언제나 큰 힘이 되어 주었습니다. 그가 없었다면 이 책을 마치지 못했을 겁니다. 책을 예쁘게 꾸려 준 조은화 편집자에게도 감사합니다. 마지막까지 원고나 사진을 추가한다고 고생 많으셨어요. 어디서 읽거나 본 과학 기사, 만들고 있는 책 속에 등장하는 과학적 내용들을 신이 나서 혼자 떠들어 댈 때마다 지루해 하는 티 내지 않고 오랜 시간 꿋꿋이 들어 준 친구들에게도 감사합니다. 너희가 꾹 참고 들어 준 이야기들이 이 책의 바탕이 되었단다. 고맙다, 얘들아.

마지막으로 늘 저를 지지하고 격려해 주는 가족들에게 감사합니다. 힘들면 푸념할 수 있고 기쁘면 함께 웃을 수 있는 가족들, 아버지와 어머니, 언니, 동생, 형부, 제부, 그리고 내 사랑을 바닥까지 긁어 가는 네 명의 조카가 있기에 새로운 일에 도전할 용기와 힘을 낼 수 있었습니다. 사랑하고 감사합니다.

감사의 말

참고 문헌

channel 01. 출근길 버스 안에서

창백한 푸른 점

* 칼 세이건 지음, 현정준 옮김, 《창백한 푸른 점(*Pale Blue Dot : A Vision of the Human Future in Space*)》, 사이언스북스, 2001
* Greenfieldboyce, Nell, 'An Alien View Of Earth', www.npr.org, 2010

사기꾼의 흰자위

* Than, Ker, 'Why Eyes Are So Alluring', www.livescience.com, 2006
* Tomasello, Michael, 'For Human Eyes Only', www.nytimes.com, 2007

스파이 고양이

* 에밀리 앤더스 지음, 이은영 옮김, 《프랑켄슈타인의 고양이: 스파이 고양이, 형광 물고기가 펼치는 생명공학의 신세계(*Frankenstein's Cat : Cuddling Up to Biotech's Brave New Beasts*)》, 휴머니스트, 2015
* 존 브래드쇼 지음, 한유선 옮김, 《캣 센스: 고양이는 세상을 어떻게 바라보는가(*Cat Sense*)》, 글항아리, 2015
* Charlotte, Edwardes, 'CIA recruited cat to bug Russians', The Telegraph, 2001
* Ciar, Byrne, 'Project : Acoustic Kitty', The Guardian, 2001
* Jon, 'The CIA Once Tried Using Cats As Spies', www.todayifoundout.com, 2011

모든 것을 기억하는 여자

- 질 프라이스·바트 데이비스 지음, 배도희 옮김, 《모든 것을 기억하는 여자: 인생의 모든 순간을 완벽하게 기억하는 삶, 그 축복과 고통의 시간들(*The Woman Who Can't Forget*)》, 북하우스, 2009
- 호르헤 루이스 보르헤스 지음, 송병선 옮김, 〈기억의 천재, 푸네스(Funes el memorioso)〉, 《픽션들(*Ficciones*)》, 민음사, 2011
- Elias, Marilyn, 'MRIs reveal possible source of woman's super-memory', USA TODAY, 2009
- Rieland, Randy, 'Rare People Who Remember Everything', Smithsonian, 2012
- 'The woman who can remember everything', The Telegraph, 2008

지구에서 달까지 38만 킬로미터

- 배아 우스마 쉬페르트 지음, 이원경 옮김, 《달의 뒤편으로 간 사람: 아폴로 11호 우주 비행사 마이클 콜린스 이야기(*The Man Who Went To Far Side Of The Moon*)》, 비룡소, 2009
- 앤드루 스미스 지음, 이명현 노태복 옮김, 《문더스트: 달을 밟은 아폴로 우주인 9명의 인터뷰(*Moondust: In Search of the Men Who Fell to Earth*)》, 사이언스북스, 2008
- http://apollo11.spacelog.org/page/04:13:20:58/

갈릴레오의 달

- 홍성욱 지음, 《그림으로 보는 과학의 숨은 역사: 과학혁명, 인간의 역사, 이미지의 비밀》, 책세상, 2012

channel 02. 5분간의 여행

반 고흐의 흔적을 찾아서

- 민길호 지음, 《빈센트 반 고흐, 내 영혼의 자서전》, 학고재, 2000
- 페데리카 아르미랄리오·줄리오 카를로 아르간 지음, 이경아 옮김, 《반 고흐(*Van Gogh*)》, 예경, 2007
- Drapkin, Jennifer and Zielinski, Sarah, 'Forensic Astronomer Solves Fine Arts Puzzles',

Smithsonian, 2009

- Kahney, Leander, 'Van Gogh Was Here, But When?', www.wired.com, 2003

- Ollove, Michael, 'What did van Gogh see, and when did he see it?', The Baltimore SUN, 2003

- Olson, Don, 'SWT astronomers sleuth van Gogh "Moonrise" mystery', www.txstate.edu, 2003

- Olson, Donald W., Celestial Sleuth : Using Astronomy to Solve Mysteries in Art, History and Literature, Springer Praxis Books, 2013

- Pearson, Helen, 'Moon dates Van Gogh', Nature, 2003

- Radford, Tim, 'Moonrise, as seen by Van Gogh at 9.08pm precisely', The Guardian, 2003

- Rodriguez, Cristina, 'Physicist Paints a Picture of Van Gogh's Setting', Los Angeles Times, 2003

- Samuel, Eugenie, 'Starry, starry night', New Scientist, 2001

- Steinhauer, Jillian, 'Forensic Astronomer Pinpoints Monet Sunset', www.hyperallergic.com, 2014

- The Editors of Sky Telescope, 'Celestial Sleuths Reveal Exact Date van Gogh Painted Moonrise', Sky&Telescope, 2003

- Uhlig, Robert, 'Van Gogh's exact place in history worked out', The Telegraph, 2001

최초의 반려 고양이

- 존 브래드쇼 지음, 한유선 옮김, 《캣 센스: 고양이는 세상을 어떻게 바라보는가(Cat Sense)》, 글항아리, 2015

- Dell'Amore, Christine, 'Ancient Dog Skull Shows Early Pet Domestication', National Geographic, 2011

- Pickrell, John, 'Oldest Known Pet Cat? 9,500-Year-Old Burial Found on Cyprus', National Geographic, 2004

- Rathi, Akshat, 'Earliest evidence of cat domestication found in China', www.theconversation.com, 2013

- Rincon, Paul, 'Dig discovery is oldest 'pet cat', www.bbc.co.uk, 2004

- Viegas, Jennifer, 'World's first dog lived 31,700 years ago, ate big', Discovery, 2008

타이타닉호의 깃털

- 소어 핸슨 지음, 하윤숙 옮김, 《깃털: 가장 경이로운 자연의 걸작(Feathers: The Evolution Of A Natural Miracle)》, 에이도스, 2013
- 잭 첼로너 지음, 이사빈 이제학 이민희 옮김, 《죽기 전에 꼭 알아야 할 세상을 바꾼 발명품 1001(1001 inventions that changed the world)》, 마로니에북스, 2010
- Britain's ever known was (wait for it) Ostrich feathers', www.dailymail.co.uk, 2009
- Chalmers, Sarah, 'Forget It-bags and Louboutin shoes the greatest fashion craze'
- O'Reilly, Edward, '"High class freight": The Titanic and its cargo', www.nyhistory.org, 2012
- Patchett, Merle, '3. Murderous Millinery', www.fashioningfeathers.info, 2001
- 〈타이타닉호 침몰 그 이후: 과학기술에 도취된 인간의 자만심〉, 《과학동아》, 1996

코페르니쿠스, 여기에 잠들다!

- 설원태, 〈교황청, 코페르니쿠스 복권후 재매장〉, 《경향신문》, 2010
- Allocca, Sean, 'Considering Copernicus: Highly degraded DNA samples uncover the truth about the famed Polish astronomer', Forensic, 2016
- Bogdanowicza, Wiesław et al., 'Genetic identification of putative remains of the famous astronomer Nicolaus Copernicus', Proceedings of the National Academy of Sciences of the United States of America(PNAS) vol. 106 no. 30, 2009
- Navona Numismatics, 'Nicolaus Copernicus·Renaissance Mathematician and Astronomer on Polish Banknotes', www.navonanumi.kr, 2015
- Siegfried, Tom, 'Top 10 revolutionary scientific theories', Science News, 2013
- http://terms.naver.com/entry.nhn?docId=1979504&cid=50412&categoryId=50483

심리학, 시간을 거꾸로 돌리다

- 앨런 랭어 지음, 변용란 옮김, 《마음의 시계: 시간을 거꾸로 돌리는 매혹적인 심리 실험(Counterclockwise)》, 사이언스북스, 2014
- Feinberg, Cara, 'The Mindfulness Chronicles', Harvard Magazine, 2010
- Friedman. Lauren F. 'A radical experiment tried to make old people young again – and the results were astonishing', www.businessinsider.com, 2015

* Gierson, Bruce, 'What if Age Is Nothing but a Mind-Set?', The New York Times Magazine, 2014

channel 03. 앞치마를 두르는 시간

요리 혁명

* 리처드 랭엄 지음, 조현욱 옮김,《요리 본능: 불, 요리, 그리고 진화(*Catching Fire*)》, 2011
* Hawks, John, 'How Has the Human Brain Evolved?', Scientific American Mind, 2013
* Jabr, Ferris, 'How Humans Evolved Supersize Brains', www.quantamagazine.org, 2015
* Swaminathan, Nikhil, 'Why Does the Brain Need So Much Power?', Scientific American Mind, 2008

이야기의 마법

* 브라이언 보이드 지음, 남경태 옮김,《이야기의 기원: 인간은 왜 스토리텔링에 탐닉하는가(*On the Origin of Stories*)》, 휴머니스트, 2013
* 전중환,《오래된 연장통》, 사이언스북스, 2010
* 조너선 갓셜 지음, 노승영 옮김,《스토리텔링 애니멀: 인간은 왜 그토록 이야기에 빠져드는가(*The Storytelling Animal: How Stories Make Us Human*)》, 민음사, 2014

공감의 힘

* 스티븐 핑커 지음, 김명남 옮김,《우리 본성의 선한 천사: 인간은 폭력성과 어떻게 싸워왔는가(*The Better Angels of Our Nature: Why Violence Has Declined*)》, 사이언스북스, 2014

포크가 불러온 변화

* 비 윌슨 지음, 김명남 옮김,《포크를 생각하다: 식탁의 역사(*Consider the Fork: A History of How We Cook and Eat*)》, 까치, 2013
* 윌리엄 시트웰 지음, 안지은 옮김,《역사를 만든 백 가지 레시피: 고대 이집트 빵에서 최신 메뉴 고기과일까지(*A History of Food in 100 Recipes*)》, 에쎄, 2016

- 케네스 벤디너, 《그림으로 본 음식의 문화사(*Food in painting : from the Renaissance to the presetn*)》, 위즈덤하우스, 2007

달의 뒤편에 남겨진 이야기

- 배아 우스마 쉬페르트 지음, 이원경 옮김, 《달의 뒤편으로 간 사람: 아폴로 11호 우주 비행사 마이클 콜린스 이야기(*The Man Who Went To Far Side Of The Moon*)》, 비룡소, 2009
- 앤드루 스미스 지음, 이명현 노태복 옮김, 《문더스트: 달을 밟은 아폴로 우주인 9명의 인터뷰(*Moondust : In Search of the Men Who Fell to Earth*)》, 사이언스북스, 2008
- Izadi, Elahe, 'The long-lost Apollo 11 artifacts discovered in Neil Armstrong's closet', The Washington Post, 2015
- Jones, Eric et al., 'Lunar Surface Flown Apollo 11 Artifacts From the Neil Armstrong Estate on loan to the Smithsonian's National Air and Space Museum, Washington D.C.', www.nasa. gov, 2015
- http://apollo11.spacelog.org/page/04 :13 :20 :58/
- https://www.flickr.com/photos/projectapolloarchive/

channel 04. 혼자만의 티타임

다정한 수다

- 로빈 던바 지음, 김정희 옮김, 《발칙한 진화론: 인간 행동에 숨겨진 도발적 진화 코드 (*How Many Freinds Does One Person Need?*)》, 21세기북스, 2011
- 마틴 노왁·로저 하이필드 지음, 허준석 옮김, 《초협력자: 세상을 지배하는 다섯 가지 협력의 법칙(*Super Cooperators*)》, 사이언스북스, 2012
- Dobbs, David, 'Gossip, Grooming, and Your Dunbar Number', www.wired.com, 2011
- Hogenboom, Melissa, 'What gave rise to gossip?', www.bbc.com, 2015
- Ludden, David, 'Why You Were Born to Gossip', Psychology Today, 2015
- 'Gossip : Evolutionary Necessity? New Study Suggests Yes', www.huffingtonpost.com, 2011

미래를 할인하는 우리의 마음

* 하이브아레나, 〈일과 휴식의 밸런스를 위해: 시간관리 팁, '뽀모도로'〉, www.ppss.kr, 2015
* Joutsa, Juho, 'Dopaminergic function and intertemporal choice', Translational Psychiatry 5, 2015
* Marritz, Leda, 'Does Exposure to Nature Aid Long-Term Thinking?', www.deeproot.com, 2014
* van der Wal, Arianne J. et al., 'Do natural landscapes reduce future discounting in humans?', Proceedings of The Royal Society B Volume 280, issue 1773, 2013
* NotoriousLTP, 'I Want it Now!-Temporal Discounting in the Primate Brain', www.scienceblogs.com, 2008
* Tsukayama, Eli et al., 'Domain-specific temporal discounting and temptation', Judgment and Decision Making vol. 5, no. 2, 2010
* Paglieri, Fabio, 'Heaven can wait. How religion modulates temporal discounting', Psychological Research 77, 2013
* 'Walk In The Park Reduces Desire For Immediate Rewards', www.ua-magazine.com, 2013

어제가 없는 남자

* 다우어 드라이스마 옮김, 이미옥 옮김, 《망각: 우리의 기억은 왜 끊임없이 변하고 또 사라질까(Vergeetboek)》, 에코리브르, 2015
* 수잰 코킨 지음, 이민아 옮김, 《어제가 없는 남자 HM의 기억(Permanent Present Tense)》, 알마, 2014

잔혹한 뇌 수술의 비밀

* 하지현, 《정신 의학의 탄생》, 해냄, 2016

우주로 띄운 타임캡슐

* 박종익, 〈보이저 1호에 실린 '인류 메시지' 공개〉, www.nownews.seoul.co.kr, 2015
* Gambino, Megan, 'What Is on Voyager's Golden Record?', www.smithsonianmag.com, 2012
* Garber, Magan, 'The Message Voyager 1 Carries for Alien Civilizations', The Atlantic, 2013
* 'What is the Golden Record?', www.nasa.gov

<u>channel 05.</u> 잠들기 전에

수면의 과학

* 데이비드 랜들 지음, 이충호 옮김, 《잠의 사생활: 관계, 기억, 그리고 나를 만드는 시간 (*Dreamland: Adventures in the Strange Science of Sleep*)》, 해나무, 2014

* 베른트 브루너 지음, 유영미 옮김, 《눕기의 기술: 수평적 삶을 위한 가이드북(*Die Kunst des Liegens: Handbuch der horizontalen Lebensform*)》, 현암사, 2015

* 빌 헤이스 지음, 이지윤 옮김, 《불면증과의 동침: 어느 불면증 환자의 기억(*Sleep Demons: An Insomniac's Memoir*)》, 사이언스북스, 2008

* Breslin, Meg McSherry 'Nathaniel Kleitman, 104', Chicago Tribune, 1999

* Brown, Chip, 'The Stubborn Scientist Who Unraveled A Mistery of the Night', Smithsonian Magazine, October, 2003

* Jeffries, Stuart, 'The History of Sleep Science', The Guardian, 2011

* Kolbert, Elizabeth, 'Up All Night: The science of sleeplessness', NewYorker, 2013

* 'Kleitman, father of sleep research', Chicago Chronicle, Sept. 23, 1999, Vol. 19 No. 1

* 'Sleeping and Dreaming', The Guardian, 2007

내 두 눈을 바라 봐

* 마크 챈기지 지음, 이은주 옮김, 《우리 눈은 왜 앞을 향해 있을까?(*The Vision Revolution*)》, 뜨인돌, 2012

* 앤드루 파커 지음, 오숙은 옮김, 《눈의 탄생: 캄브리아기 폭발의 수수께끼를 풀다(*In the Blink of an Eye*)》, 뿌리와 이파리, 2007

* Rogers-Ramachandran, Diane et al., 'Seeing in Stereo: Illusions of Depth', Scientific American, 2009

바닷속 여행을 떠난 사람들

* 데이비스 셸던 지음, 고정아 옮김, 《윌리엄 비비의 심해 탐험(*Into the Depp: The Life of Naturalist and Explorer William Beebe*)》, 비룡소, 2013

* Czartoryski, Alex, 'The History of Deep-Sea Exploration', www.boaterexam.com, 2011

　　　　　　　　　　　　　　　　　　　참고문헌

* Ford, Jacqueline, 'Book of the Week: Beebe, Barton and the Bathysphere', www.biodiversitylibrary.org, 2012

* Wildlife Conservation Society, 'Commemorating A Milestone in Ocean Exploration', National Geographic, 2014

* http://www.bbc.co.uk/history/historic_figures/drebbel_cornelis.shtml

* http://www.pbs.org/wgbh/amex/ice/sfeature/beebe.html

제임스 카메론의 심해 탐사

* 리처드 길리아트 씀, '론 앨럼의 딥씨 챌린저호',《파퓰러사이언스》, 8월호, 2014

* Child, Ben, 'James Cameron donates Deepsea Challenger submarine to science', The Guardian, 2013

* Main, Douglas, 'James Cameron Gives Record-Breaking Sub to Science', www.livescience.com, 2013

* National Geographic Education Staff, 'Filmmaker, Inventor, and Explorer: James Cameron', National Geographic, 2014

* 'Ocean Exploration: Timeline', http://education.nationalgeographic.org/media/ocean-exploration-timeline/

* www.deepseachallenge.com

안녕, 명왕성

* Griffin, Andrew, 'Pluto's heart named 'Tombaugh Regio' in celebration of dwarf planet's discovery', Independent, 2015

* Redd, Nola Taylor, 'How Far Away is Pluto', www.space.com, 2016

* Talbert, Tricia, 'New Horizons Spacecraft Displays Pluto's Big Heart', www.nasa.gov, 2015

* Twilly, Nicola, 'What We've Learned About Pluto So Far', The New Yorker, 2016

* Vincent, James, 'Pluto's discoverer is almost home', www.theverge.com, 2015

그림 출처

그림 출처

157쪽 위 ⓒⓘ Pawel Pacholec

157쪽 아래 ⓒⓘⓞ Aurelien Guichard

어제가 없는 남자

162쪽 ⓒⓘ Naomi

164쪽 ⓒⓘ Naomi

잔혹한 뇌 수술의 비밀

167쪽 ⓒⓘ Otis Historical Archives National Museum of Health and Medicine

168쪽 ⓒ Getty Images / Bettmann

우주로 띄운 타임캡슐

173쪽 위 The Sounds of Earth Record Cover / NASA / Image ID : p24652b

173쪽 아래 The Sounds of Earth Record / NASA / Voyager Golden Record

176쪽 보이저 1호에 골든 레코드를 부착하는 모습 / NASA / Image ID : KSC-77P-0196

channel 05. 잠들기 전에

수면의 과학

181쪽 *The Guardian*

182쪽 John William Waterhouse, 〈Sleep and His Half Brother Death〉

185쪽 *The Guardian*

186쪽 ⓒⓘ PinkStock Photos

188쪽 ⓒⓘ simpleinsomnia

189쪽 ⓒⓘ simpleinsomnia

내 두 눈을 바라 봐

191쪽 위 ⓒⓘ John Benson

191쪽 아래 ⓒⓘⓞ Isster17

192쪽 ⓒⓘ Ralph Hockens

꿈의 발견

196쪽 Francisco Goya, 〈El sueño de la razon produce monstruos〉 / Prado Museum

198쪽 ⓒⓘⓞ Andrés Nieto Porras

바닷속 여행을 떠난 사람들

201쪽 Frontispiece : From *Vingt mille lieues les mers*, Paris : J. Hetzel, 1871 /
       Houghton Library at Harvard University

203쪽 Unterseeboote / ⓒ Getty Images / ullstein bild

204쪽 Image from the Brockhaus and Efron Encyclopidic Dictionary, published in Russia,
       1890~1907 / ⓒⓘ Double-M

206쪽 Dr. William Beebe and Otis Barton in Bathysphere / ⓒ Getty Images / Bettmann

제임스 카메론의 심해 탐사

210쪽 ⓒⓘⓞ Broddi Sigurðarson

211쪽 William Frederick Mitchell, 〈HMS Challenger〉

212쪽 ⓒ 2014 National Geographic

안녕, 명왕성

217쪽 NASA

218쪽 Clyde Tombaugh with Newtonian Telescope / ⓒ Getty Images / Bettmann

220쪽 뉴호라이즌호 / NASA/JHU APL/SwRI/Steve Gribben

사이언스 라디오

당신의 일상에서 만나는 흥미로운 과학 이야기

지은이 | 이은영

1판 1쇄 발행일 2016년 12월 5일
1판 4쇄 발행일 2018년 10월 26일

발행인 | 김학원
편집주간 | 김민기 황서현
기획 | 문성환 박상경 임은선 김보희 최윤영 전두현 최인영 정민애 이문경 임재회 이효온
디자인 | 김태형 유주현 구현석 박인규 한예슬
마케팅 | 김창규 김한밀 윤민영 김규빈 송희진
저자·독자서비스 | 조다영 윤경희 이현주 이령은(humanist@humanistbooks.com)
조판 | 홍영사
용지 | 화인페이퍼
인쇄 | 청아문화사
제본 | 정민문화사

발행처 | (주)휴머니스트 출판그룹
출판등록 | 제313-2007-000007호(2007년 1월 5일)
주소 | (03991) 서울시 마포구 동교로23길 76(연남동)
전화 | 02-335-4422 팩스 | 02-334-3427
홈페이지 | www.humanistbooks.com

ⓒ 이은영, 2016

ISBN 978-89-5862-508-7 03400

• 이 도서의 국립중앙도서관 출판예정도서목록(CIP)은 서지정보유통지원시스템 홈페이지(http://seoji.nl.go.kr)와 국가자료공동목록시스템(http://www.nl.go.kr/kolisnet)에서 이용하실 수 있습니다.
  (CIP제어번호: CIP2016026513)

만든 사람들

편집주간 | 황서현
기획 | 임은선(yes2001@humanistbooks.com), 임재회
디자인 | 유주현